“脱原発”を止めないために

科学ジャーナリストの警告

林勝彦――編著
HAYASHI KATSUHIKO

清流出版

科学ジャーナリストの警告

林　勝彦・編著

目次

序章　人類初の原発連続爆発・メルトダウン事件　科学ジャーナリスト塾塾長　林　勝彦　5

第一章　放射能汚染地帯の既視感
――フクシマで始まった「生命の切断」　NHK放送文化研究所主任研究員　七沢　潔　23

第二章　科学ジャーナリストの反省すべきこと　科学ジャーナリスト　柴田鉄治　35

第三章　脱・原子力村ペンタゴン、脱・発表ジャーナリズム　科学ジャーナリスト　小出五郎　57

第四章　チェルノブイリ原発事故から学んだこと　NHK解説委員　室山哲也　93

第五章　海外メディアが暴いた　ニッポン大本営発表報道　フリージャーナリスト　大沼安史　117
第六章　脱原発は可能か　林　勝彦　137
特別インタビュー　踏み出せ、脱原発エネルギーへの道　環境エネルギー政策研究所所長　飯田哲也（インタビュア：林　勝彦）　173
特別レポート❶　アメリカにおける原子力発電の現状　科学ジャーナリスト　藤田貢崇　191
特別レポート❷　日本の再生可能エネルギーはいま――現状と課題を探る　サイエンスライター　漆原次郎　201
特別レポート❸　放射線の人体への影響――チェルノブイリから何がわかったか　林　勝彦　221

装丁・本文設計——西山孝司

序章

人類初の原発連続爆発・メルトダウン事件

林 勝彦

❖はやし・かつひこ――一九四三年、東京生まれ。科学ジャーナリスト塾塾長。慶應義塾大学哲学学科（産業社会学）卒業。六五年、NHKに入局。代表作はNHKスペシャル「驚異の小宇宙・人体」「人体Ⅱ〜脳と心」「人体Ⅲ〜遺伝子・DNA」全シリーズ、他に「プルトニウム大国・日本」、NHK特集「原子力③ 放射性廃棄物」「チェルノブイリ原発事故」等。国際モンテカルロ賞、日本賞、地球環境映像祭特別賞、文化庁芸術作品賞他多数受賞。東京藝術大学・早稲田大学大学院等の非常勤講師、東京大学先端科学技術研究センター客員教授、東京工科大学教授などを歴任。

◆――予言されていた「原発震災」

「何があったんですか？　噴火したのか……？　富士山が」

「もっと大変だよ、あんた知らないの？　発電所が爆発したんだ、原子力の」

「この原子力発電所の原子炉は六つある。それが次から次へと爆発を起こしているんだ」

「あの赤いのはプルトニウム二三九、あれを吸い込むと一〇〇〇万分の一グラムでも癌《がん》になる。

黄色いのはストロンチウム九〇、あれが体の中に入ると、骨髄《こつずい》に溜《た》まり白血病になる。

紫色のはセシウム一三七、生殖腺に集まり遺伝子が突然変異を起こす。つまり、どんな子供が生まれるかわからない」

「狭い日本だ、逃げる場所なんてないよ」

「でもね、原発は安全だ。危険なのは操作のミスで、原発そのものに危険はない！　絶対ミスは犯さないから問題はないって抜かしたヤツらを許せない！　あいつらみんな縛り首にしなくちゃ死ぬにも死にきれないよ！」

～黒澤明脚本・監督　映画『夢　―赤富士―』より抜粋～

いま、地球は宇宙カレンダー一三七億年のなかで最も美しい時代を生きている。一枚の写真がそのことを教えてくれた。アポロ一一号が撮影した「アースライズ」である（カバー背面に掲載）。一方で二〇世紀、二度の世界大戦と原爆投下、水爆実験、胎児性水俣病やチェルノブイリ原子力発電所事故などにより、放射能汚染や地球環境問題の負の遺産を抱え込むことになった。そして二一世紀、ふたたび東京電力株式会社と原子力安全神話に加担した「原子力ムラ」〔注1〕による〝人災〟福島第一原子力発電所連続爆発・メルトダウン事件により〝死の灰〟と〝死の廃液〟に見舞われている。「原発震災」である。原発震災とは巨大地震・津波とメルトダウンや核暴走による原発事故とが複合し、さらなる巨大被害をもたらすという意味の造語である。この言葉は東海地震の元になった「駿河湾地震説」（一九七六年）で知られる地球物理学者兼地震学者の石橋克彦（神戸大学名誉教授）が九七年に唱えたもので〔注2〕、この言葉を元に警告を発し続けてきた。予言は的中したのである。

最大の被害者は、いまなお故郷を追われた一六万人を超える避難民をはじめ、福島県民の人たちである。しかし、宇宙船地球号のいのちと生態系もまた、被害を受けることとなった。

直接の加害者は東京電力株式会社である。だが東京電力を支えてきた「原子力ムラ」も大きな役割を果たしてきた。もちろんその一員であるメディアもその責任を免れることはできない。この猛省が本書を出版することへの強い動機である。

◆――原子力ムラの共通原則「あとだしジャンケン」

日本の国是であった「科学技術創造立国」の理念〝安心・安全の科学〟が木っ端微塵に吹き飛んだ。二〇一一年三月一二日一五時三六分、福島第一原子力発電所の一号機の水素爆発とともに。日本はソニーや本田技研工業、松下電器産業（現パナソニック）などの優れた製品にみられたように、世界から科学技術先進国と評価され信頼を集めてきた。それだけに、科学技術大国としての面目が丸つぶれとなり世界に大きな衝撃を与えることとなった。

しかし、この〝人災〟ともいうべき東京電力株式会社と「原子力ムラ」による「一号機水素爆発」は、ほんの序章に過ぎなかった。

《三月一四日　一一時〇一分》

同原発三号機も水素爆発を起こす。この原子炉だけはリスクとコストが高くつく特殊な〝MOX核燃料〟〔注3〕（「地獄の王」〔注4〕ともいわれるプルトニウム二三九とウラン二三五の酸化混合核燃料）を使用していたためか、オレンジ色の閃光を放った直後、黒煙とともに他の炉と違いはるかに危険な放射性物質〝死の灰〟を放出した。

《三月一五日　六時一〇分ごろ》

同原発二号機でも爆発音。圧力抑制プール（サプレッションルーム）が破損、〝死の灰〟を閉じ込める最後の砦《とりで》が破られ、ここからも高レベルの放射性物質が多量に漏出。放出された放射能全体の四〇％が二号機から放出されたとみられている。
ほぼ同時刻、四号機で水素爆発・火災発生。

《三月一六日》

ふたたび三号機で白煙発生、四号機でもふたたび出火。

こうして、世界史に残る〝原発連続爆発・メルトダウン〟事故となった。
日本の「危機管理」に対する政府の対応の甘さや情報開示の遅延、情報隠蔽《いんぺい》にアメリカやフランスなど諸外国はいらだちを隠さず、正確な放射線量を測定するため独自に無人観測飛行機「RQ-4 Global Hawk」などを飛ばしてデータ収集。事故発生から五日後、即座に米ルース駐日大使は在日アメリカ人に八〇キロ圏からの避難勧告を出した。
一方日本は、「あとだしジャンケン」のごとく少しずつ避難区域を拡大していく。

《三月一一日　一九時〇三分》

内閣総理大臣は「原子力緊急事態宣言」発令。これを一九時四五分に枝野官房長官が記者会見で発表した。ＮＨＫや外部専門家の予測より遅かった。

《同日　二〇時五〇分》

政府の宣言から二時間近くたって、福島県の対策本部が半径二キロ圏内の住民に「避難指示」。

《同日　二一時二三分》

遅れて内閣総理大臣は、原発から半径三キロ圏内の住民に「緊急避難勧告」、同じく三〜一〇キロ圏の住民に「屋内退避指示」。

《三月一二日》

一号機爆発から二時間もたったあと一〇キロ圏内の住民に「避難指示」に変更したが、そのわずか四〇分後には二〇キロ圏内に拡大。

対応は後手にまわり、小出しに指示を出してゆく。しかも避難が長期にわたる可能性があることは、いっさい言わなかった。住民のいのちを守る「リスク管理」上、きわめて問題の多いものであった。さらに、爆発から一カ月以上たった四月二一日、半径二〇キロ圏を「立ち入り禁止区域」とし、翌二二日には三〇キロ圏を「緊急時非難準備区域」にした。そして忘れたころ、四〇キロ圏の伊達《だて》市などを「特定避難勧奨地点」へと徐々に拡大していった。これは「あとだしジャンケン」のごとく、事故をより小さく見せようとする本音の表われだったのではないだろうか。

情報の隠蔽、情報開示の遅さは枚挙にいとまがない。一年以上たった一二年五月になって、またまた「あとだしジャンケン」情報が明るみに出た。原発から三三キロの飯舘《いいたて》村長泥地区などでは放射線量がきわめて高いという科学的データ（文科省土壌モニタリング調査。年間五〇マイクロシーベルトに相当）を爆発後まもなくキャッチしておきながら、「リスク管理」のタイミングを遅らせたというものである。当時の政府の「助言チーム」（小佐古敏荘《こさことしそう》内閣参与ら）は「飯舘村、長泥などは大至急立ち入り禁止を」と提言したが、官僚・政府で組織する事務局はただちに動く気配なく、一カ月かかりようやく「計画的避難区域」を発表したという。一二年六月には、さらに、アメリカが原発爆発直後に実測した科学的データを知りながら経済産業省の原子力安全保安院は、首相官邸や原子力安全委員会にも伝えず、福島県民のいのちを守るために活用されなかった事実が報道された。

「原子力ムラ」には共通原則がある。宣伝広告のＰＲ効果を逆手にとった手法である。まず、①マスコミと国民対策として「情報は小出しにする」。旬を外したニュースは相対的に小さくなる。その結果、②トップ記事になることを避けられ「事故はより小さく見せようとする」ことに成功する。この①～②の戦術はＩＡＥＡを中心としたコングロマリット的「国際原子力ムラ」（故・綿貫礼子の造語）にも使われている。

福島第一原発事故はＩＮＥＳ（国際原子力事象評価尺度）でレベル七と世界最悪の「深刻な事故」に相当する。東京電力・政府は当初レベル四と発表、その後レベル五に引き上げ、レベル六を通り越しレベル七と認めたのは事故から一カ月もたっていた。また、巨大惨事「メルトダウン」を東京電力が認めたのは二カ月後だった。二点とも〝真〟の専門家なら三月中旬には少なくともレベル六であると認識していたという（小出裕章《ひろあき》／京都大学原子炉実験所助教）。事実、三月一一日のフジテレビの報道番組では専門家・藤田祐幸《ゆうこう》（元慶應義塾大学助教授）が他のメディアに先駆けて「メルトダウンが始まりつつあるのでは……」と「リスク管理」上の証言を行なった。的確な指摘であったが、藤田はその後メディアから遠ざけられ、代わりに安全を甘くみる学者が続々と登場することとなっていった。

◆日本の「リスク管理」の甘さ

なぜ米国と日本とでは「リスク管理」にこれほどの差があるのか。なぜアメリカは爆発五日後に八〇キロ圏を避難対象にしたのか。答えの核心は四号機の「危険度予測」の差にある。連続爆発原子炉のなかで、米国が最も危険性を感じていたのは四号機である。この炉は定期検査中で原子炉は停止中であった。すべての核燃料は原発建屋の五階に位置する燃料プールに移動されていた。筆者は恥ずかしながらも、地上三〇メートルを超える高さにプールがあるとは知らなかった。あまりの〝効率〟優先主義に度肝を抜かれたものである。

稼働中の原発では、核燃料は、原子炉容器本体を包みこむ「圧力容器」とさらにその全体を覆う「格納容器」という分厚い〝鋼鉄製〟の二重防護の内側にある。しかし、停止中の四号機にある核燃料はその防護から解き放たれていた。つまり、核燃料プールの防護壁は、原子炉に比べ薄弱な建屋のみであったのだ。爆発で鉄筋コンクリートの建屋の壁や上部が吹き飛び、核燃料プールはいまも完全に遮蔽されておらず大気にさらされた状態である（カバー写真）。もし再度、震度七以上の強震に襲われ倒壊すれば、燃料プールにある一五〇〇体を超える「核燃料集合体」が地上に散乱し人はまったく近づけない阿鼻叫喚の世界となることを否定できない。燃料集合体一体には六〇本の核燃料棒が入っているため、その数は一〇万本ほどにもなる。さらに、一本の核燃料棒（長さ約四メートル）のなかにはペレット（長さ一センチほどの円柱状の核燃料）が詰め込まれている。その中身は広島型原爆の材料となるウラン二三五が焼き固められて入っている。

倒壊を免れたとしても、もし冷却不能に陥ると、大火災が生じ、四号機だけでも最悪の場合チェルノブイリ事故の一〇倍ほどの〝死の灰〟をまき散らすことになる。事実、ＮＲＣ（米国の原子力規制委員会。日本の癒着体質とはまったく違い政府と独立しており規制権限は強い）は、この悪夢を最も恐れていると一一年五月に訪れた国会議員（阿部知子、糸川正晃、塩崎恭久、下地幹郎）に率直に語った。現在補強工事が行なわれたとはいえ、この危険性は完全に去ったとはいえない。一二年三月、参議院予算委員会の公述人・東海学園大学名誉教授の村田光平（元スイス大使）も「いまや四号機の存在は北朝鮮のミサイル問題にも劣らぬ、全世界にとっての安全保障上の大問題になっているのです」「四号機が事故を起こせば、世界の究極の破局の始まりといえる」と証言し、現在ネット上でも話題になっている。

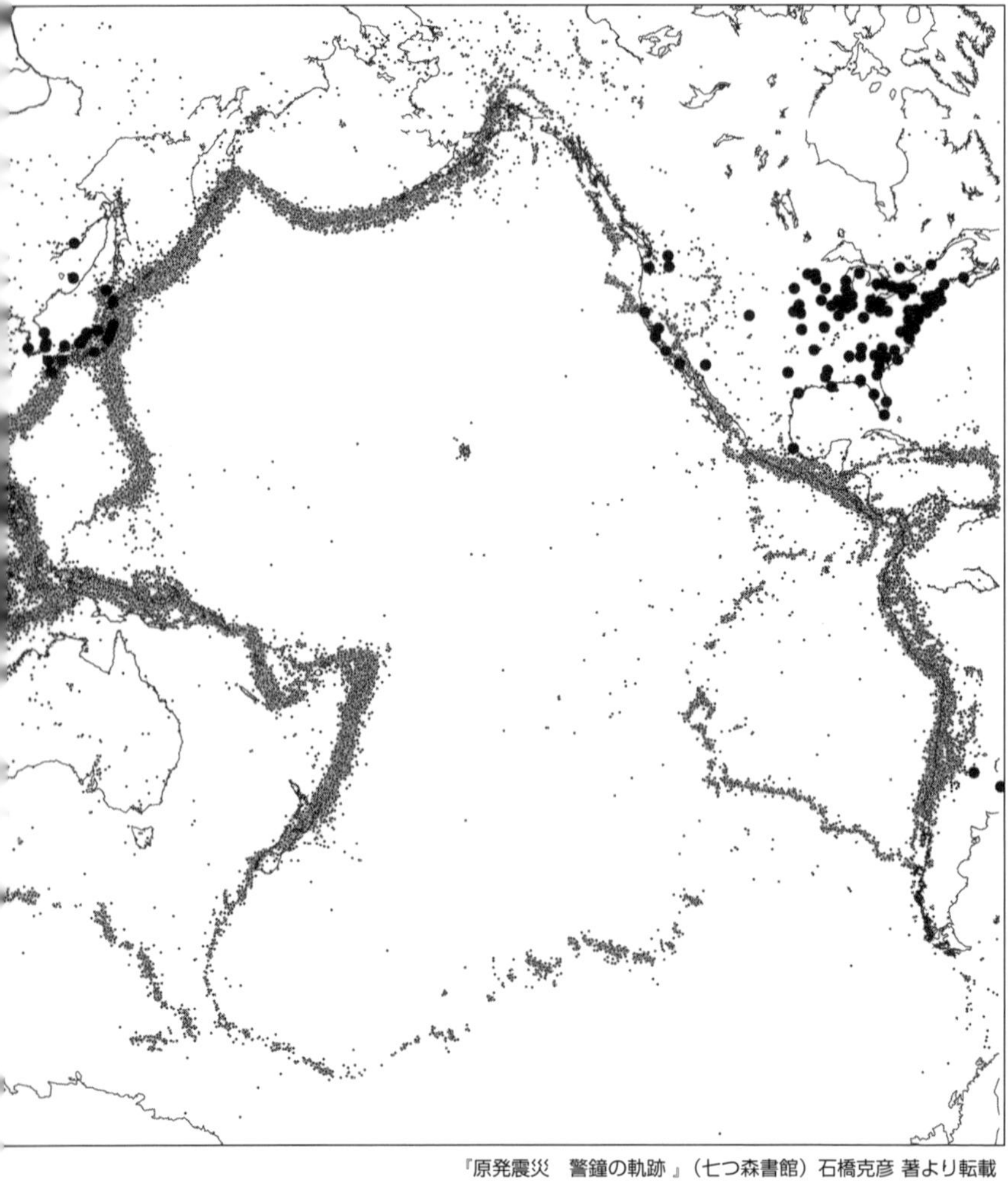

『原発震災　警鐘の軌跡 』（七つ森書館）石橋克彦 著より転載

世界の地震と原子力発電所の分布

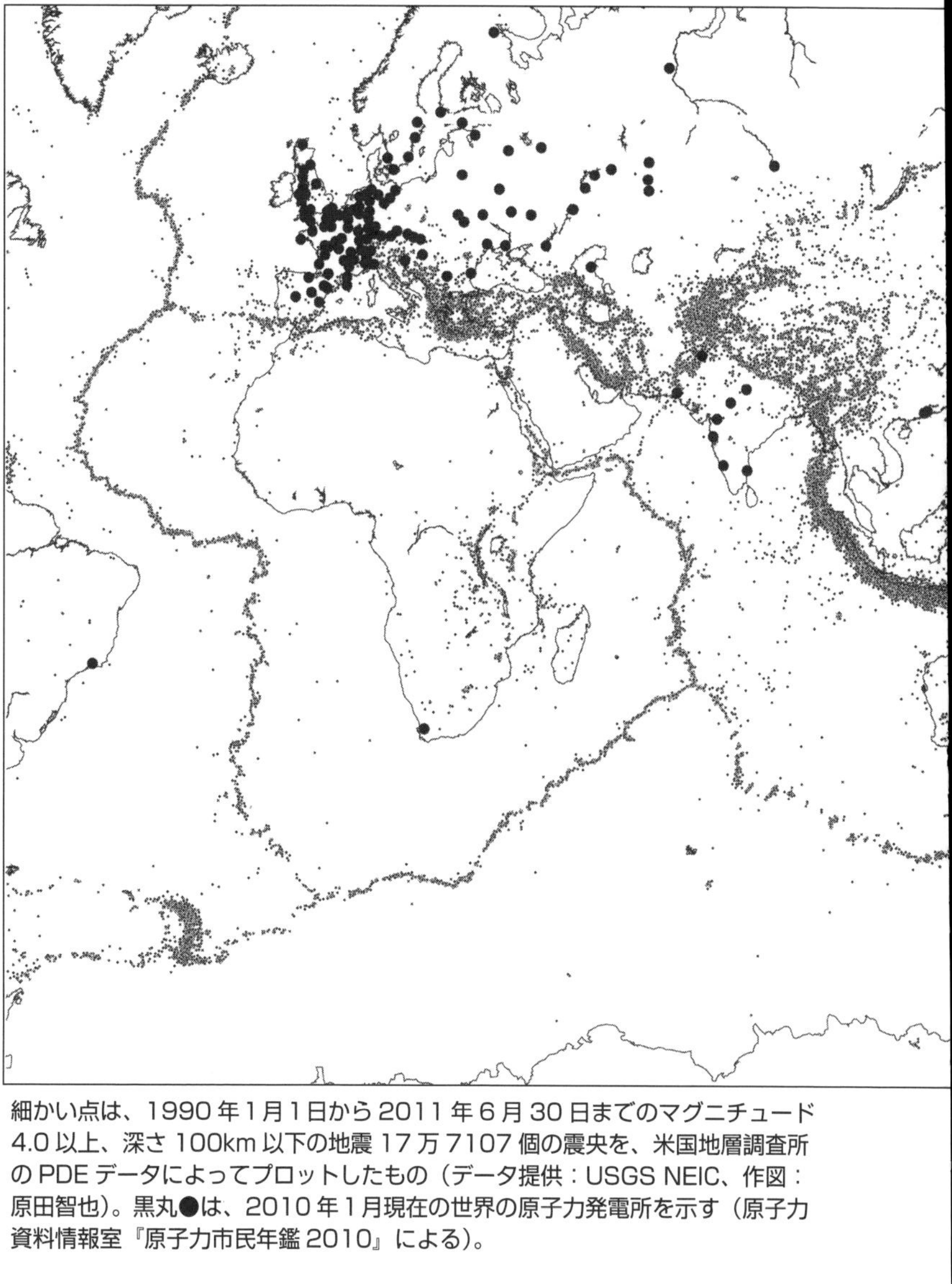

細かい点は、1990 年 1 月 1 日から 2011 年 6 月 30 日までのマグニチュード 4.0 以上、深さ 100km 以下の地震 17 万 7107 個の震央を、米国地層調査所の PDE データによってプロットしたもの（データ提供：USGS NEIC、作図：原田智也)。黒丸●は、2010 年 1 月現在の世界の原子力発電所を示す（原子力資料情報室『原子力市民年鑑 2010』による)。

結局、放出された放射性物質はいったいどのくらいなのか？　事故直後から、東京電力（清水正孝社長）、内閣府原子力委員会（近藤駿介委員長）、経済産業省原子力安全・保安院（寺坂信昭院長）、総務省原子力安全委員会（班目《まだらめ》春樹委員長）、政府（菅直人総理大臣）らは沈黙を守り続ける。一一年四月、小出裕章がセシウム換算で「広島型原爆八〇発」相当と一般の人にもわかりやすい表現で発表した。その後、同年七月衆議院厚生労働委員会「放射線の健康への影響」に呼ばれた児玉龍彦（東京大学先端科学技術研究センター教授）はウラン換算で広島原爆の二〇個分と話した。保安院は、一一年四月一二日にヨウ素一三一とヨウ素換算値の合算で三七万テラベクレルとし、六月に七七万テラベクレルと約二倍に上方修正。その後も放射能は漏れ続け、八月、保安院はセシウム一三七換算「広島型原爆一六八個分」と公表した。そして一二年五月、ヨウ素換算で九〇万テラベクレルと東京電力が発表した。

その放射性物質、死の灰が「うつくしまふくしま」（福島県の別称）をはじめ、県境を越え、さらに国境を越え、北半球にまき散らされていった。韓国や中国だけでなく、イタリア、フランス、イギリスやアメリカなどでも放射性物質が検出されている。一九八六年四月二六日、旧ソ連のチェルノブイリ原子力発電所四号炉の核爆発的「核暴走事故」が一〇〇〇トンほどの原子炉容器の蓋《ふた》を吹き飛ばし、大量の放射性物質〝死の灰〟を地球の北半球にまき散らしたのと同じように。

◆——チェルノブイリ原発事故からわかること

チェルノブイリ四号炉の原子炉は二年間で、広島型原爆の二六〇〇個分ほどの放射能をため込み、その八〇〇個分ほどを地球上にまき散らした。筆者がプロデューサーの一人として制作したNHK特集「調査報告・チェルノブイリ原発事故」シリーズ〔注5〕の「第二集・放射能汚染地図」では、感度の良い放射線検出器を使って現地測定することにし、当時大阪大学教授であった近藤宗平〔注6〕の助言を得た。そして携行性などに優れた測定器を持つ岡野眞治《まさはる》（当時理化学研究所主任研究員）とともにヨーロッパに持参、ホットスポットを実測し放射能汚染地図を作った。さらに、放射性物質は事故の五日後、チェルノブイリから八〇〇〇キロ隔てた日本にもやってきた。〝死の灰〟である。番組では、その模様を三次元CGを用いて番組内で紹介した（CG制作：坂井滋和）。

そうしたチェルノブイリ原発の番組制作から二六年がたった。四号炉の現状と被災地の様子、それに人体へ与えた影響を探るため、一二年二月下旬から一〇日間現地を訪れた。〔注7〕事故後に生まれてきた子どもたちは、四半世紀たったいまでも、原発事故の影響に苦しんでいた。

たとえば、ウクライナのロモダーノフ記念神経外科研究所の小児神経外科部長ユリ・オルロフは「私たちの病院の専門は脊髄《せきずい》や脳の生育異常で、事故前も現在もウクライナ全体で年間五〇〇件の手術を実施しています。二五年たつのに同じに見えるかもしれませんが、子どもの数が当時一一〇〇万人から八〇〇万人に激減しているので、病気の子どもの割合が高くなっているのです。とくにこの小児病棟では五歳以下の脳腫瘍《しゅよう》の患者の比率が高まっています」と証言した。病院の実態はイタリアの公共放送RAI2が制作したドキュメンタリーをネットで見ることができる（YouTube「キエフ病院の子供たち二〇一一　原発事故がもたらしたもの」）。

NPOザポールカが運営する「家族の家」を取材した。ここは退院後、子どもが体力を回復するまで一時的に宿泊できる施設である。イタリアの市民団体・ソレッテーレの支援を受けたこのNPOは、二〇一〇年、ウクライナ政府から最高の慈善団体に選ばれている。ある母親は、一九八六年四月二六日、事故当日に生まれていた。三歳の娘ソフィアは神経芽腫の手術を受けた。退院直後で毛髪はなかったが、いまは回復に向かい元気に過ごしていた。

リグビダートル（原発処理作業員）団体の代表の一人ウクライナ・チェルノブイリ連盟代表のユーリー・アンドレーエフから話を聞くことができた。彼は事故の消火活動などにあたった。その影響のため脳の手術を受け、九八年に死の境をさまよった。リグビダートルの子どもや孫たちは、二六年たった今日でも免疫力低下に基づく病弱（心臓や血管）が多いと語った。

その後、隣国ベラルーシを訪れ、チェルノブイリの遺伝学的影響調査で国際的に知られるベラルーシ国立医科大学遺伝性先天性疾患研究所の顧問、ラジュク元教授の証言を取材した。セシウム汚染が高かった地域では、妊婦と新生児に染色体異常が事故直後から二年間著しく増加、人工的流産胎児と新生児に発達障害の胎児が著しく増加した。事故直後に高レベルの放射線地

（左）石棺となったチェルノブイリ原発四号炉向かいにある慰霊碑。鐘の下中央に碑文があり、その左右には計 30 人のリグビダートル（事故処理作業員）の名が刻まれた銘文がならんでいる（2012 年 2 月、チェルノブイリ）

（右）鐘の下の碑文。「命のための命」と刻まれ、犠牲となったリグビダートルに捧げられている。反射して映っているのが四号炉の石棺。正面からの撮影は禁止された

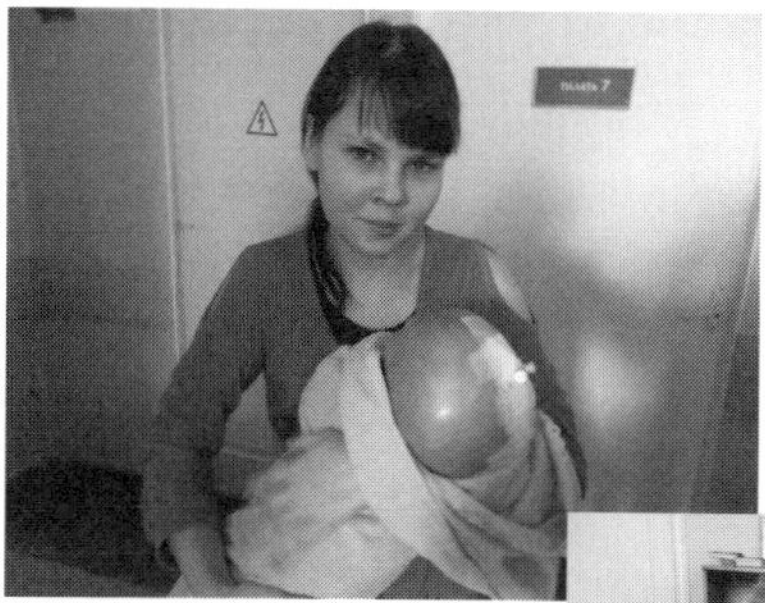

（左）1990 年生まれの母親から生まれた脳水腫の赤ちゃん。小児脳神経外科病院にて（ウクライナ）

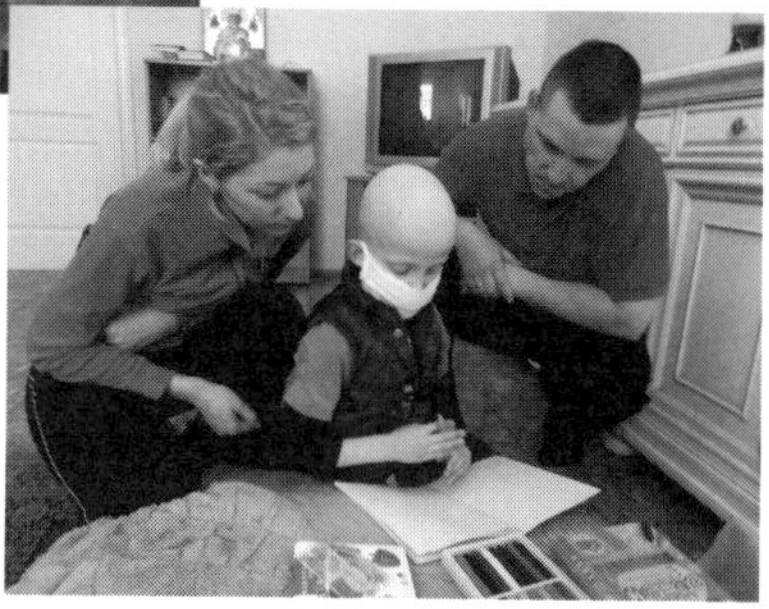

（右）小児がん患者と家族のために、退院後一時的滞在可能な施設がある。1986 年 7 月生まれの母親から生まれたウイルムス腫瘍の子と父親（運営は NPO ザポールカ，ウクライナ）

域に滞在した母親からは、ダウン症の発生率が非汚染地域に比べて二・五倍に増加したという。

今回のチェルノブイリ取材で得た放射線の人体への影響に関する詳細は、レポートにまとめた（本書二二一ページ「特別レポート❸ 放射線の人体への影響〜チェルノブイリから何がわかったか〜」参照）。「人体にただちに影響はない」レベルの放射線が何をもたらすのか。いまの日本がチェルノブイリから学ぶべきことは多い。

◆――フクシマが浴びた放射能

福島原発事故が放出した放射能の総量は、政府発表によればチェルノブイリ原発事故のおよそ七分の一と試算された。東京電力は、前述したがヨウ素換算で九〇万テラベクレルと発表した。大気中に放出された放射性物質だけで比較すると、ヨウ素換算でチェルノブイリの六分の一程度だ。しかし、フクシマはチェルノブイリを超える憂慮すべき点が三点ある。

第一に、世界にも類をみない〝原発過密地帯〟で、人類史上初の〝原発連続爆発事故〟となった点である。「原発銀座　連続爆発巨大事件」といえよう。

第二に、短期間に高レベルの汚染水を排出し、深刻な海洋汚染を起こした点である。世界最悪の海洋汚染は一九五二年からイギリスのウインズケール（現セラフィールド）再処理工場が流し続けてきた廃液によるものだ。ウインズケールが初期の三〇年間最も多量の汚染水を排出し続けたレベルに、フクシマはわずか四カ月でその九割まで肉薄してしまった。〔注8〕この深刻な海洋汚染はチェルノブイリにはない。まさに「地球海洋生態系汚染」といえよう。二〇一二年六月、北米西海岸沖の魚から微量ながら放射性セシウムが検出された。収束はまだ完全に終わってはいないのだ。

第三に、政府による〝一応〟の事故収束宣言までの期間が長かった点が挙げられる。チェルノブイリの一〇日間に対し、フクシマは三〇〇日ほどとその約三〇倍もの日数を要した。その間、放射性物質や放射性廃液に関するデータは迅速・正確に公表されることなく、加害者は被害者を精神的・肉体的にも苦しめ続けることとなった。免疫力を低下させるストレスもある。無色・無臭で目に見えない忍者的な放射能は福島県のみならず多くの日本人の脳と心に〝澱《よど》み〟をもたらし続けている。「フクシマ心的外傷後ストレス障害症候群」ともいえよう。

これらの根本原因は、〝いのち〟よりも〝原子炉の命〟を優先し「安全の科学」を無視し、「経済効率性」を優先した結果なのだ。

今回の「原発連続爆発・メルトダウン事件」が、われわれにつきつけているのは、二一世紀に向かう科学技術文明のパラダイムシフトであり、持続可能ないのちの哲学の確率だと思う。

※敬称は略させていただきました。

〔注1〕飯田哲也の造語。官僚、政治家、産業界、御用学者、メディアによる原発推進の癒着構造。米国の法律学者は日本の場合、法曹界も加える人もいる。住民側が起こした裁判はほぼ敗訴しているため。

唯一の例外は、志賀原発運転差し止め判決文（二〇〇六年三月）。「想定を越えた地震が発生する可能性がある。その場合に、構築した多重防護が有効に機能するとは考えられない」（井戸謙一金沢地裁裁判長）。

〔注2〕「原発と震災」（『科学』一九九七年一〇月号／岩波書店）

〔注3〕ウランとプルトニウムの混合燃料「Mixed oxide」の略。

〔注4〕天然元素は原子番号92のウラン（ウラヌス＝天王星に由来）まで。人工元素第一号は93番のネプテニウム（ネプチューン＝海王星に由来）。したがって94番目は必然的に冥王星（プルート）にちなみプルトニウムと命名された。プルートは冥土、つまり毒性が極めて強いことから「地獄の王の元素」とも呼ばれる。

〔注5〕第一集「事故は本当に操作員のミスだけだったのか?」、第二集「放射能汚染地図」キャスター：赤木昭夫　構成：鬼頭秀樹、日向英実（一、二集とも）　制作は、第一集…広瀬哲雄、林勝彦、第二集…笹川紀久雄、林勝彦　（本来、番組スタッフ全員の氏名表示をすべきであるが紙面の都合もあり旧NHKスペシャル番組部［現・大型企画開発センター］」事務局の公式記録に従った）

〔注6〕近藤宗平こんどう・そうへい……戦時中、京都大学院生として広島原爆の線量を測定。戦後は人類がアポロ計画で放射線の強いバンアレン帯を無事通過可能かを科学的に判定しGOサインを出した二人のうちの一人。筆者が駆け出しディレクターのころ、科学ドキュメンタリー・あすへの記録「遺伝への疑問」や「レントゲン乱用への不安」などの番組制作などで非常にお世話になった方である。

〔注7〕前半は「第一回ウクライナ調査団」（団長・小若順一）に同行。後半はベラルーシ単独取材。

〔注8〕フランス放射線防護原子力安全研究所データ（AFP通信一〇月二八日）

■参考文献……終章末尾に記載

第一章

放射能汚染地帯の既視感

――フクシマで始まった「生命の切断」

七沢　潔

❖ななさわ・きよし――一九五七年、静岡県生まれ。NHK放送文化研究所主任研究員。早稲田大学政治経済学部卒業後、八一年にNHK入局。ディレクターとしてチェルノブイリ原発事故等の原子力問題を始め、沖縄、戦争、イスラム世界をテーマとするテレビ番組を多数制作。九二年モンテカルロ国際テレビ祭特別賞、NHKスペシャル「化学兵器」で日本新聞協会賞他を受賞。三・一一後は、ETV特集「ネットワークでつくる放射能汚染地図～福島原発事故から2か月」（二〇一一年五月一五日放送）を取材・制作、文化庁芸術祭大賞等を受賞。著書に『原発事故を問う』『東海村臨界事故への道』他。

◆──放射能汚染地帯＝「ゾーン」に入った日本

最近「脱原発」を語った村上春樹は、小説『1Q84』のなかで、月が二つ宙にかかる、ここではない異次元の世界に入った東京を描いたが、私は三・一一以来、まさしく自分がそんな世界に迷い込んだ気分に苛《さいな》まれてきた。

そもそも勉強嫌いの娘が大学に合格する「奇跡」が起こった翌日に、福島で原発が爆発した。それも第一原発の一、三、二号機で次々と起こってなおかつ、停止中だった四号機でも使用済み核燃料プールで火災（爆発）が発生、放射能が漏出した。

このときすでに、三つの原子炉では電源喪失によって冷却水が供給不能となって燃料の熔融が起こっていたことが二カ月もたってから明かされるのだが、テレビに映る空中からの映像のなかで四機の原子炉はそろって討《う》ち死にしたように骸《むくろ》をさらし、あるものはあんぐりと口を開け、あるものは飛び出た内臓のように瓦礫《がれき》の山が露出していた。

一九八六年のチェルノブイリ原発事故の直後に空中から撮られた映像を彷彿《ほうふつ》とさせる。その映像を撮ったカメラマンはかつて私に、「融けた核燃料がむき出しとなり、煙がたつ原子炉の上空を自分は飛んだが、そのとき、鳥たちは破壊された炉の上を飛ばず迂回していた」と語った。磁場の異変から事態を察知した鳥類と違い、五感では放射能を感知できず、情報統制のなかで国家の命令に従って被曝《ばく》してゆく人間の業《ごう》……悄然《しょうぜん》となった記憶が蘇り、隣接する意識のなかで、私は、自分がもはや三・一一以前の世界から切り離されていることを悟った。悲しいのだが、すでに私たちは放射能汚染地帯＝「ゾーン」のなかに入ってしまったのだ。だが日本政府は四月半ばになるまでチェルノブイリと同じ「レベル七」だとは、言おうとしなかった。

払暁《ふつぎょう》に二号機で爆発がし、最も多くの放射能が放出された三月一五日、気がつけば私は福島に向かう車に乗っていた。七年間離れていた番組制作現場から呼び出され、原発事故を伝える番組作りへの参加を求められたからだ。チェルノブイリの大惨事から二五年、原発問題に取り組む制作者はいなくなり、現場は基礎知識すら失っていた。ＮＨＫもまた「安全神話」に浸《つ》かっていたのだ。

◆――電撃サンプリングと汚染の脅威

原発から一九〇キロ離れた常磐自動車道の守谷ＳＡ《サービスエリア》で、サーベイメーターは東京の平常値の七五倍にあたる毎時三マイクロシーベルトを検出、強力な北風は東京へとヨウ素やテルルをたっぷりと含む放射能を運ぶ途中だった。その風に逆らうように、自衛隊や東京電力関連の車両だけが目につく空っぽの高速道路を現場に向かう。

翌一六日、前夜からの降雪が放射能を大地に浸《し》み込ませていた、まさにその日に、私は元放射線医学総合研究所の研究員・木村真三氏とともに、土壌や植物のサンプリングを開始した。民家の庭先で、人気《ひとけ》のない学校の校庭で、土を五センチ、一〇センチと掘り込んですくいあげる。爆発で放出された放射能をできるだけ早くサンプリングして分析する。そうすれば半減期の短い放射性核種も検出でき、それによって事故に関するより深い分析が可能になる。それが、一九九九年の東海村ＪＣＯ臨界事故の際、初動に失敗した経験をもつ木村氏が、この、まるで突撃隊のようなサンプリングに動いた理由だった。

サンプルは木村氏の友人、高辻俊宏さんのいる長崎大学、遠藤暁《さとる》さん、静間清さんのいる広島大学に送られ、解析された。そしてその数値は衝撃的だった。原発から四キロ西北西に離れた双葉町山田地区で採った土壌サンプルからはガンマ線を発する一一種類の放射性核種が検出されたが、半減期八日と短いが吸い込むと甲状腺がんの原因となるヨウ素一三一は、一平方メートル当たり一億六六〇〇万ベクレル、半減期三〇年のセシウム一三七は一一二〇万ベクレル。チェルノブイリ周辺三カ国が法律で定めた第一ゾーン、立ち入りも居住も禁止された地区の下限値を八倍近く上まわる汚染レベルであった。

そして、いまだに信じられないのだが、原発から六〇キロも離れた福島市内の公園の砂場で採取した土壌サンプルから、四三八万ベクレルのセシウム一三七が検出された。チェルノブイリの立ち入り禁止地区の下限値の三倍の放射能汚染であり、そこが放射線の影響を受けやすい子どもたちの遊び場であることを思うと背筋が寒くなった。ちなみに福島市は、一時この公園の空間線量率が文部科学省の定めた毎時三・八マイクロシーベルトを超えたため、利用を一時間以内に制限したが、わずか二週間で解除している。その後、砂場の砂は入れ替えないまま三カ月以上放置され、市民団体からの抗議にあって、七月から閉鎖してようやく全面的な除染を開始した。

汚染は必ずしも原発からの距離に比例しなかった。遠くの地でも放射能は風に運ばれ、谷間や山の手前で滞留しているうちに雪や雨に捕捉され、地表に沈着する。じわりと大地に浸み込んでできた局部的な汚染が、斑模様《まだら》のように広がっているのだ。そのさまは、のちに、日本における放射線測定の第一人者、岡野眞治《まさはる》さんが加わった汚染地図作りのなかで詳細になっていった。

◆──高濃度汚染地帯にとどまる避難民たち

岡野さんの作った放射線測定記録装置を載せて、車は汚染大地の道を走る。

途中、住む人のいなくなった街に降り立つ。ここにはまだ、旅立ったばかりの住人たちの体温が残っている。風の音が、すすり泣くようにすり抜ける。飼い主に捨てられた犬たちが最初は警戒がちに、次第に頭を低くしてすり寄ってきて、こちらが立ち去ろうとすればあとをついてくる。

またもチェルノブイリの既視感が私を襲う。原発から一五キロの村からの避難民によれば、村民が事故発生を公式通知されたのは事故から五日たってからだった。そのあいだ、彼らは放射性物質を多量に含む濃霧のようなプルームのなかで農作業している。そして八日目に、一八八人がバスに分乗、コルホーズ（国営農場）の牛や豚は二九七台のトラックに載せられて避難した。だがバスを追って走ってきた十数匹の犬は、トラックの荷台に乗った警察官によって、次々と銃で射殺されたという。

フクシマの「ゾーン」では、愛するペットとの惜別に耐えかねて、いつでも餌《えさ》をやりに行けるようにと、自宅から遠くない地点にとどまる夫婦など一二人ほどのおとなたちに出会った。原発に近い浪江町の中心部から避難してきた彼らは、同じ浪江町の赤宇木地区の集会所、原発から二七キロ北西に離れた場所にすでに二週間近く滞在していた。

それは子どもがいない心優しき愛犬家、愛猫家の三組のカップルと、身体障害者の妻を夫が介護する夫婦、そして四人の中年の独身男性たち。もとはお互い見ず知らずの人びとが事故後に作った「とまり木」のような「共同体」だった。公式の避難所ではないため、役所からの支援を受けられず、おのおのが持ち寄る米や野菜、近所の養鶏場で働いて現物支給された卵を食べてしのいだ。

しかしそこは、木村真三氏の計測によると毎時八〇マイクロシーベルト、通常の一三〇〇倍以上の強い放射線が飛び交う危険な場所だった。にもかかわらず、三〇キロ圏内であるため避難は住民の自主的判断に委ねられる「屋内退避地域」とされ、役場からも警察からも放射線のデータを教えられなかった。

じつは文部科学省はそのころ、まだ一般には非公開だった緊急時迅速放射能影響予測ネットワークシステム（SPEEDI）の予測によって、三月一五日に放射能が原発から北西方向に流れることをキャッチ、その日の夜八時四〇分に測定器を持った職員を浪江町の北西部に派遣し、空間放射線量を測定していた。

その値は驚くなかれ、毎時三三〇マイクロシーベルト。三時間外にいるだけで一般人の年間被曝限度量一ミリシーベルトを超えてしまうレベルだ。データは官邸に報告されたが、枝野幸男官房長官（当時）は翌日の記者会見で「ただちには人体に影響のないレベル」と昨年の流行語大賞にもなりそうだった決まり文句を使い、それまで出されていた「屋内退避」を超える警告は何も発しなかった。

「急性の放射線障害は出ない」ことを意味するこのフレーズが、発がんなど晩発性の障害の危険性を検討すべきこの場面で語られることの「間違い」や「欺瞞《ぎまん》」については、ここではあえて論じない。

それにしても、そのまま居続ければ三カ月もしないうちに原子力安全委員会が避難の基準とする年間五〇ミリシーベルトの被曝を超えることが明らかな高レベルの放射線、それを知りながら政府はなぜ、即時避難の警告を発しなかったのか。今後、政府や国会の事故調査・検証委員会による解明が待たれる。

◆――立たされた家族離散の瀬戸ぎわ

ちなみに文部科学省は三月一六日以降、この赤宇木を含む三十数カ所で放射線を測定、そのデータをホームページ上に公開したが、測定地点の地名は「屋内退避地域」が「計画的避難区域」や「緊急時避難準備区域」などに再編される四月一一日になるまで伏せられていた。理由は「風評被害を防ぐため」だったという。それゆえ、データに気がついた浪江町役場も、その値を重要視せず、汚染地区に残った町民に数字を示して避難を促すこともしなかった。

赤宇木の集会所にとどまっていた避難民たちは、測定器の数値を示しながらの木村真三氏による必死の説得により、ようやく、より安全な二本松市の避難所に移る決心をした。高濃度の汚染地帯に滞在すること二週間以上。再避難の途中、スクリーニングを受けたところ、身体から放射能汚染が発見され、自衛隊によって裸にされて、温水で「除染」された人もいた。

一方、赤宇木では、そのころ四万羽の鶏を抱える近くの高橋養鶏場に、飼料が届かなくなり、三万羽が餓死していった。宮城県の飼料業者は地震と津波で生産を停止、頼みの茨城の業者は「放射能」を理由に配達を拒んだからだ。終戦後、シベリアに抑留された経験をもつ養鶏場主の高橋清重さんは、復員後開拓で入ったこの土地で、五〇羽から始めた養鶏を六〇年かけて四万羽にまで育てあげた。その血のにじむような努力の結晶が、放射能への恐怖感が作りだした「断絶」によって、一瞬にして破壊された。

またその後「計画的避難区域」となった隣の葛尾村では、三世代が同居して競走馬を育てる一家が、手塩にかけて育てた四頭のサラブレッドをただ同然で遠隔地の生産者に譲るところまで追い込まれた。若い息子の家族は汚染の少ない会津へ、父母と祖父母は新たな仕事を探して郡山へと、一家離散していった。大正時代から続いた厩《きゅう》舎は閉ざされた。

当初、一家は避難を拒んでいた。馬のなかの一頭が妊娠していたことが理由だった。そして取材中に仔馬が生まれてきたのだが、なぜか汚染の喧躁とは無縁な、楚《そ》とした顔立ちに見えた。ほんの少しだけ、私は心が和む気がした。仔馬はいま、茨城県の牧場ですくすくと育っているという。

放射能は、御用学者がテレビで「ただちには影響が出ない」と繰り返すそのときに、動物たちを人間から引き裂き、いわれのない死に追い込んでいた。それは人間の遺伝子が切断されるときに響く伴奏曲のようなものなのかもしれない。

◈――切断されてゆく「命のつながり」

人びとはすでに自宅を捨て、故郷を失い、家畜やペットと別れ、家族が離散する瀬戸ぎわに立たされた。それは「胃のレントゲン数回分の被曝」では決して説明できない、また半端な賠償金で贖《あがな》うことが不能な被害、人間の存在基盤の「喪失」である。

これまでビキニや、セミパチンスク、セラフィールドやチェルノブイリなど放射能に汚染された大地で繰り返されてきた「生命のつながりの切断」がフクシマで始まっていた。

五月一五日に放送した番組（ETV特集「ネットワークでつくる放射能汚染地図〜福島原発事故から二ヵ月」）のラストシーンは、赤宇木の集会所で出会った岩倉文雄さん、公子さん夫妻が、浪江駅近くの自宅に戻り、犬や猫に餌を与え、一時間の滞在後に八〇キロ離れた新しい避難所に戻ろうとするが、その車を愛犬のパンダが全力で追いかけてくる場面だった。すぐには追いかけてこられないように、しかしその後は行動しやすいようにと、わざとはずれやすく鎖を首輪につないだ公子夫人の深慮。しかし飼い主の心を読み切ったパンダは車の発進とともに素早いスタートを切り、田んぼを横切り、一直線に車を追いかける。

無人となった町は春を迎え、桜も咲いている。その懐かしい風景までも振り切るかのようにアクセルを踏み込む文雄さん。飼い主の心の涙は画面には映らない。そして車がカーブを曲がると、引き離されたパンダはもうあとをついて来られない。

放送後たくさんの反響がNHKに寄せられた。その多くは、報道の「自主規制」のなかでそれまで報じられなかった放射能汚染の実態と地上で起こる悲劇を伝えたことへの支持と共感だった。そして少なからぬ人びとが、飼い主を追って疾走したパンダのその後を案じていた。思わぬ反響だった。

だがしばらくして、私は、原発事故によって切断されてゆく「命のつながり」へのやみがたい哀惜、それが他人事《ひとごと》とは思われず、視《み》る人の心のなかに広がったのだと思い到った。

※本稿は、日本ビジュアル・ジャーナリスト協会が運営するPDFオンラインマガジン「fotgazet」第二号に寄稿した文章「『ZONE』の既視感」を改題の上、加筆して再構成したものです。

第二章

科学ジャーナリストの反省すべきこと

柴田鉄治

❖しばた・てつじ――一九三五年、東京都生まれ。科学ジャーナリスト。東京大学理学部卒業後、五九年に朝日新聞社に入社し、東京本社社会部長、科学部長、論説委員などを歴任。大学では地球物理を専攻し、南極観測にもたびたび同行して、「国境のない、武器のない、パスポートの要らない南極」を理想と掲げ、「南極と平和」をテーマにした講演活動も行なっている。元ICU客員教授。著書に『科学事件』『新聞記者という仕事』『世界中を「南極」にしよう!』『組織ジャーナリズムの敗北―続・NHKと朝日新聞』『国境なき大陸　南極』他。

◆――原発報道の歴史は「失敗の連続」

「日本の科学報道の産みの親は原子力、育ての親は宇宙開発」――私が日本の科学報道について語るとき、いつも冒頭に述べる言葉だ。そして、さらにこう続ける。「科学報道の元年は、一九五七年である」と。

もちろん科学報道の歴史を考えれば、報道が始まったときから存在していたはずで、産みの親や育ての親がいるはずはないともいえるが、「科学報道」が一つのジャンルを形成し、専門記者が生まれていった経緯を考えると、それは明らかに戦後のことなのである。

一九五七年という年は、一月に南極の昭和基地が生まれ、八月に日本原子力研究所の第一号原子炉が臨界になり、一〇月にソ連のスプートニク一号が打ち上げられたのだ。大きな科学ニュースが続き、新聞社やテレビ局に科学部や科学取材班が誕生したのも、だいたいこの年の前後だったのである。

この科学報道の産みの親である原子力が、東日本大震災による福島第一原子力発電所の事故で、たいへんな事態に陥っている。事故が起こってからかなりの歳月がたっているのに、依然として収束のメドさえ立っていない。収束どころか、放射能汚染の広がりなど新たな事態が次々と発生して、避難住民はいつ自宅に帰ることができるのか、わからないような不安な状況におかれたままになっている。

こんな大事故が起こったそもそもの原因は、想定を超える大地震・大津波のせいだと関係者はいうが、果たしてそうだろうか。地震も津波も、歴史的に見れば決して想定外のものではないし、それに、そもそも地震国の日本に原発を造る以上、地震による事故が「想定外」であるはずがないともいえよう。安全対策が間違っていたことは明らかだ。

原子力災害の怖さを最もよく知っているはずの日本で、世界最悪の事故が起こったということ自体が、日本の科学報道の失敗を象徴するものだといってよく、そういう目で振り返ってみると、日本の原発報道は失敗に次ぐ失敗だったといっても過言ではないと私は思っている。

◆——推進一色だった国民意識

日本の原子力開発は一九五四年三月、国会の予算案審議のなかで突如、二億三五〇〇万円の原子炉開発のための調査費が計上されたことで始まった、といわれている。当時、改進党にいた中曽根康弘氏らが提案したものだった。その金額も、ウラン二三五にちなんだものだ。

前年のアイゼンハワー米大統領による有名な「原子力平和利用」演説を受けて、日本でも原子力開発をやるべきかどうか、学界で論議が始まった矢先のことだったため、当時、「政治家が学者の頬を札束でひっぱたいた」と評されたものである。

そんな異常な形でのスタートではあったが、当時の国民世論もメディアも、原子力の平和利用には賛成一色、いわば原子力にバラ色の夢を描いたかのような状況だった。

いまから振り返ると、ヒロシマ・ナガサキを体験した日本国民がなぜ、と不思議に思うが、当時の国民の素朴な「科学技術信仰」ともいうべき科学技術への期待感が根底にあり、そのうえに、ヒロシマ・ナガサキがあまりにも悲惨だったため、逆に核エネルギーの軍事利用は「悪」だが、平和利用は「善」だと割り切ってしまったところがあったのだろう。

学界での論議も、もっぱら軍事利用への歯止めをどうするかという一点に集中し、原子力基本法に「自主・民主・公開」の原子力三原則を盛り込むことでよしとされた。

こうした推進一色の国民世論に乗って、というより、むしろその方向に国民世論を引っぱったのがメディアだった。五五年の新聞週間の標語は「新聞は世界平和の原子力」というものであり、初代の原子力委員長は読売新聞社社主の正力松太郎氏だったのである。「原子力」という言葉がいかに明るく、力強いイメージであったか、そうでなければ、そんな標語が選ばれるはずはないからだ。

また、当時の国民がどれほど原子力を歓迎したかを示す事実には事欠かない。

たとえば、原子力研究所（原研）をどこに造るか、全国各地から誘致合戦が展開されたことや、その戦いに勝って茨城県東海村にできた原研の第一号原子炉が臨界になったとき、「原子の火、ともる」と地元の小学生の旗行列まで行なわれ、東海村名物「原子力饅頭」が売りだされたのだ。

もう一つ、いまから思うと不思議なことがある。原子力開発が始まった五四年の同じ時期に、南太平洋のビキニで水爆実験の死の灰を浴びた「第五福竜丸事件」があり、それをきっかけに日本で原水爆禁止運動が始まったことだ。

原水禁運動はヒロシマ・ナガサキから始まったと思っている人が多いが、そうではなく、ヒロシマ・ナガサキから九年もたって原水禁運動が始まったことも、不思議といえば不思議である。つまり、日本では原子力の平和利用と原水爆禁止運動が同時スタートしたわけで、一つの技術の両面である、一方の平和利用にはバラ色の夢を抱き、もう一方の軍事利用には激しい憎悪の念を向ける、という見事な使い分けをしたのである。

それはともかく、こうした推進一色の国民の意識は、六〇年代いっぱいまで続くのだ。それは、六九年の原子力船「むつ」の進水式に皇太子妃が出席してシャンパンを割ったことや、七〇年の大阪万国博の開会式にわざわざ敦賀《つるが》原発から電気を引いて「原子の灯だ」と祝ったことでも明らかだろう。

一五年も続いた「バラ色の時代」、国民の意識は推進一色でも、メディアまでそれに同調したのは間違いだった。少なくともメディアには、どんな技術にもプラス面とマイナス面があること、とくに原子力には放射性廃棄物の処理がきわめて難しいことや、いったん事故が起こると後世にまで影響がおよぶ恐れのあることなど、原子力の特異性を国民に強くアピールしておかなければならなかったのだ。原子力報道「第一の失敗」である。

今回、事故を起こした福島第一原発の建設が、反対意見のなかったこのバラ色の時代に進められたということが安全対策を甘く見た最大の原因だったと考えると、このメディアの最初の失敗は、極めて重大だったといわざるを得ない。

もっとも、当時は科学記者といわれるような専門記者がほとんどいなかった時代だから、そこまで要求するのは酷なのかもしれないが、社会に対するチェック機能を使命とするメディアである以上、それをしなければなんのためのメディアか、といわれても仕方ないだろう。

しかも、当時の記者がそうした原子力技術の特異性をまったく知らなかったのならともかく、当時の報道記事を仔細に調べてみると、放射性廃棄物の処理が難しいことなど、目立たぬ形でちゃんと載っているのである。

◆――科学技術は「環境破壊の元凶」か

原子力開発に反対意見が出てくるのは、七〇年代からである。公害・環境問題が急浮上して、科学技術は必ずしも「経済発展の源泉」ではなく、ときには「環境破壊の元凶」にもなるという考え方が広がってからだ。原子力は巨大技術の代表格として、その槍玉にあがったのである。

この公害・環境問題の急浮上は日本だけでなく、先進国に共通する現象だったことを考えると、その原因は六九年のアポロの月着陸ではないかと私は思っている。月から見た地球の映像、あの青く小さなガラス玉のような地球の映像が、人びとの心に「このまま経済発展を追っていって地球環境はもつのだろうか」という疑問を抱かせたのだ。

科学技術の進歩が人間を幸せにするとは限らない、ということに気づいたという点で、七〇年代は「文明の転換点」だったわけで、「大きいことはいいことだ」とか「便利なことはいいことだ」といった考え方そのものに反省を迫ったのである。

原子力に関していえば、公害・環境問題にからんで「トイレなきマンション」といった言葉がしきりといわれたのも七〇年代のことである。七三年に伊方《いかた》原発訴訟が起こされ、七四年に原子力船「むつ」の放射線漏れから母港に戻れなくなる漂流騒ぎがあり、七五年には京都で反原発の全国集会「生存をおびやかす原子力」が開かれた。

反対派の登場で原子力関係者がおかした最大の誤りは、「絶対安全か？」と問いつめられて「絶対安全だ」と答えてしまったことである。そのため、日本の原発では防災計画が立てられなくなってしまったのだ。反対派から「そんなに危ないのか」といわれるからだ。

この段階でメディアがおかした間違いは、推進側の「絶対安全」のおかしさを衝《つ》くのではなく、絶対安全を求める反対派のほうが「非科学的なのだ」「感情論だ」と糾弾《きゅうだん》したことである。メディアの社会に対するチェック機能からいえば、推進側により厳しくなければならないはずなのに、反対派により厳しい目が注がれていたようなのだ。

たとえば、朝日新聞が七六年に長期連載した「核燃料――探査から廃棄物処理まで」などはその典型だった。「原発は廃絶を」という強硬な反対論は、もとをただすと外国からの直輸入されたものだと断じ、人間のつくるものに絶対安全はなく、絶対安全を求めたら原始生活に戻らねばならなくなる、そこには飢えや疫病《えき》などの危険性がある、と批判する。

さらに、「放射性廃棄物の処理ができないなど原子力は子孫にまで迷惑をかける」という反対派の主張をとりあげて「それなら石油をどんどん使って、子孫に残しておかなくてよいのか」と反論する、といった調子なのである。推進側が拍手喝采し、反対派から抗議が殺到したことはいうまでもない。

これほど極端ではなくとも、メディアの姿勢はだいたい変わらず、厳しい批判の眼《め》は、推進側よりむしろ反対派に向けられていたことがこの時代の特徴だった。おそらく原子力にバラ色の夢を描いた五〇～六〇年代のメディアの流れが、七〇年代まで尾を引いていたのだろう。これが、バラ色一色の時代に続く原子力報道の「第二の失敗」だったと、私は見ている。

◆――「事故隠し」「トラブル隠し」の連続

七九年三月に起こった米国スリーマイル島原発事故は、「やっぱり事故は起こったではないか」という形で、こんな空気を一変した。日本の原発でも防災計画が立てられるようになったし、メディアの姿勢も大きく転換した。

八一年四月に起こった敦賀原発の放射能漏れ事故では、連日トップ記事が続くという大々的な「原発批判報道」が二カ月近くも展開されたのだ。

それに対して当時の科学技術庁長官から「一人の死者も、一人のけが人も出ていないのに、メディアは騒ぎすぎではないか」という批判が出て、ちょっとした論争に発展した。それに対するメディア側からの反論は「被害の大きさではなく、放射能が漏れてはいけないところから漏れたのが問題なのだ」「事故隠し、トラブル隠しが次々と明るみに出たことが連日のトップ記事になった原因なのであり、事故隠しがいかに原発への不信感を増すかわかるはず」というものだったが、こうしたメディア側の言い分は、原子力関係者の耳にはすんなり入ってはいかなかったようである。

というのは、その後も原発やその関連施設での事故やトラブルが相次ぎ、そのたびにといっていいほど、事故隠し、トラブル隠しが繰り返されたのである。たとえば、一九九五年に敦賀市の高速増殖炉原型炉「もんじゅ」で起こったナトリウム漏れ事故などは、地元民に絶対にないといっていたナトリウム漏れが起こったというだけでなく、さまざまな「情報隠し」が明るみに出て、大騒ぎになったことは記憶に新しい。

この事件では、わざわざ「今後は情報公開と体質改善に努める」という声明まで発表されたのだが、それでも一向に変わらなかった。

事故隠し、トラブル隠しの罪深さは、単に原子力への不信感を増幅させたというだけでなく、原子力技術を成熟させるうえでも大きなマイナスなのである。一般に、大事故のかげにはいくつかの小事故があり、小事故のかげにはいくつかのトラブルがあるといわれ、小事故やトラブルは大事故を防ぐための貴重な教訓であることは技術者なら誰でも知っていることなのだ。

それなのに、繰り返されるのはなぜなのか。原子力関係者にその「本音」を尋ねると、それはメディアのせいだというのである。「メディアが些細なことにも大騒ぎするので、ついつい隠したくなるのだ」と。

もし、そうだとしたら、事故隠し、トラブル隠しが明るみに出るたびに厳しく糾弾してきたメディアの報道、つまり原子力報道は失敗だったというほかない。メディアのひとり相撲で、原子力関係者にとってはまさに馬耳東風、その耳には入っていなかったことを、私は原発報道の「第三の失敗」と名づけている。

その背景には、原子力関係者から見たメディアの姿勢の変化、つまりバラ色の時代には「一心同体」、七〇年代にはまだ「味方」だと思っていたメディアが八〇年代から「反対派」に近くなった、と考えていたふしがある。そうだとしても、反対派のいうことには耳も貸さないという原子力関係者の姿勢はいかがなものであろうか。

もう一つ、メディアの失敗は、原子力行政、つまり原子力の規制制度についてきちんとチェックしてこなかったことである。原子力船「むつ」の放射能漏れをきっかけに、推進役の官庁と規制役の官庁を分けなければいけないという話になり、米国の原子力規制委員会（NRC）に習って七八年に原子力安全委員会が生まれた。

ところが、二〇〇一年の省庁再編のとき、経済産業省（もとの通産省）に原子力安全・保安院を設けて、原子力安全委員会は内閣府に棚上げしてしまった。経産省は産業界を育成する推進側の役割を担っており、そこに規制側の保安院を置くのは本来、おかしいのである。

推進と規制と、両方とも経済産業省が独占するという省庁再編を、メディアがまったくチェックしなかったのは、大失敗だった。これを「第四の失敗」と名づけてみよう。この失敗が、福島事故で大きな弊害となって現われたのである。

◆──「何が起こったのか」に肉薄できず

福島原発の事故が起こってからの報道はどうだったか。二万人を超える死者・不明者が出た津波災害と報道を二分するかのような、いや、途中からはそれを上まわるような原発報道の量は、すさまじいものがあった。

しかし、報道は量が多ければいいというものではない。毎日、新聞やテレビを、目を皿のようにして見ていても、何が起こったのかさっぱりわからない。しかも、わからないだけでなく、前に発表したことをあとで次々とひっくり返されるので、ますますイライラが募ってしまうのだ。

私の見るところ、初期対応に問題があって、対応がすべて後手後手にまわってしまったように見えるが、それはいずれ検証されるとして、これまでのところで最大の問題点は、「何が起こったのか」にメディアが自ら肉薄できず、もっぱら公式発表に頼ってしまったことである。

戦前・戦中の日本のメディアは、「大本営発表」という政府の公式発表をそのまま垂《た》れ流すだけの報道に終始し、厳しい批判を浴びたが、今回の福島原発の報道をめぐっても「まるで大本営発表ではないか」という批判の声がうずまいた。

その公式発表も、最初のうちは、東京電力も原子力安全・保安院も「よくわかりません」「目下、調査中です」というばかりで、要領を得なかった。発表者が内閣官房長官に代わって、少しわかりやすくはなったが、それでも基本構造は変わっていない。

たとえば、最初の発表にあった「炉心融解（メルトダウン）したかも」という言葉がすぐに姿を消して否定に変わり、「やはりメルトダウンだった」と認めたのは、二カ月後だった。

もう一つ、読者・視聴者がイライラさせられたのは、誰が指揮をとって事故処理にあたっているのか「司令塔」の姿が終始、見えなかったことである。

原発事故のような事態が刻々と動いていて「時間との勝負」ともいうべきものへの対応は、すべての権限を集中して指揮をとる司令塔を決めないと対処できないものである。

たとえば、七九年の米国スリーマイル島事故のときは、米原子力規制委員会の原子炉規制局長が、毎日二回大統領に電話で報告し、毎日一回記者会見するという約束で総指揮をとり、約八日間で収束させた。また、九九年の東海村ＪＣＯ臨界事故では、原子力安全委員会の委員長代理が前面に出て指揮をとった。

ところが、今回の事故では、誰が指揮をとっているのかまったく見えず、いまだにわからないのだ。制度的には原子力安全・保安院と原子力安全委員会の役割だと思うが、保安院は原子炉建屋が吹っ飛んでも国際基準「レベル四」と発表したほど頼りなく（一週間後にレベル五に、一カ月後にレベル七に修正）、また原子力安全委員会は委員長が記者会見に出てきたのは事故から一二日目。しかもその後、海水注入をめぐって「言った」「言わない」の騒ぎを起こすなど、とても司令塔どころの騒ぎではない状況だった。

これは本来、メディアの責任ではないのだが、メディアを通じて伝わってくるイライラであることと、「メディアはなぜ政府に司令塔を決めろと迫らないのか」という形でメディア批判にはねかえってきているのだろう。

また、原子力災害特別措置法によれば、放射能汚染の状況を政府はいち早く測定し、発表しければならないことになっているのに、二週間ほど発表もしなかった。パニックを心配したのだろうが、これは犯罪行為だといってもいいほどのことなのである。

住民の避難指示には欠かせないはずの緊急時迅速放射能影響予測システム（SPEEDI）のデータも、日本国民には発表せず、在日米軍には密かに伝えていたというのだから驚く。

メディアが政府になぜ発表を迫らなかったのか、これも原子力報道の失敗に数えあげられるのかもしれない。

こう見てくると、福島原発事故の報道は、総じて失敗だったというほかないし、少なくとも読者・視聴者のメディアへの信頼感を高めた報道だったとは、とてもいえないのではあるまいか。

◆──激しく揺れ動く国民世論

ところで、原発報道と最も関係が深い国民世論の動向はどうか。世論の経年変化を調べるには、同じ調査主体が同じ質問を繰り返す必要がある。グラフ❶は、朝日新聞社が「これからのエネルギー源として原子力発電を推進することに賛成か反対か」と尋ねた結果である。

先に記したように五〇〜六〇年代は推進一色、七〇年代から反対意見が出てきたといっても賛成のほうが多く、スリーマイル島事故が起こって、賛否がそれぞれ五〜六％ずつ動いたが、それもその後の第二次石油危機で押し戻されている。

しかし、八〇年代に入って、敦賀原発での放射能漏れ事故をはじめ、次々と事故隠しやトラブル隠しが明るみに出て反対意見が増え、八六年のソ連のチェルノブイリ事故で完全に逆転した。

世界最悪のチェルノブイリ事故で、ドイツ、オーストリア、スウェーデンなど脱原発に切り替えた国も多かったが、フランスと日本は推進政策をまったく変えなかった。日本は、国民世論と原子力政策とが乖離《かいり》したまま、突っ走ったのである。そして、メディアもまた、それを批判しなかったのだ。

ところが、九〇年代をピークに、原発反対の日本の国民世論もまた揺れ戻し、その後は賛否伯仲に近い状況を続けている。

グラフ❶——これからのエネルギー源として原子力発電を推進することに賛成か反対か

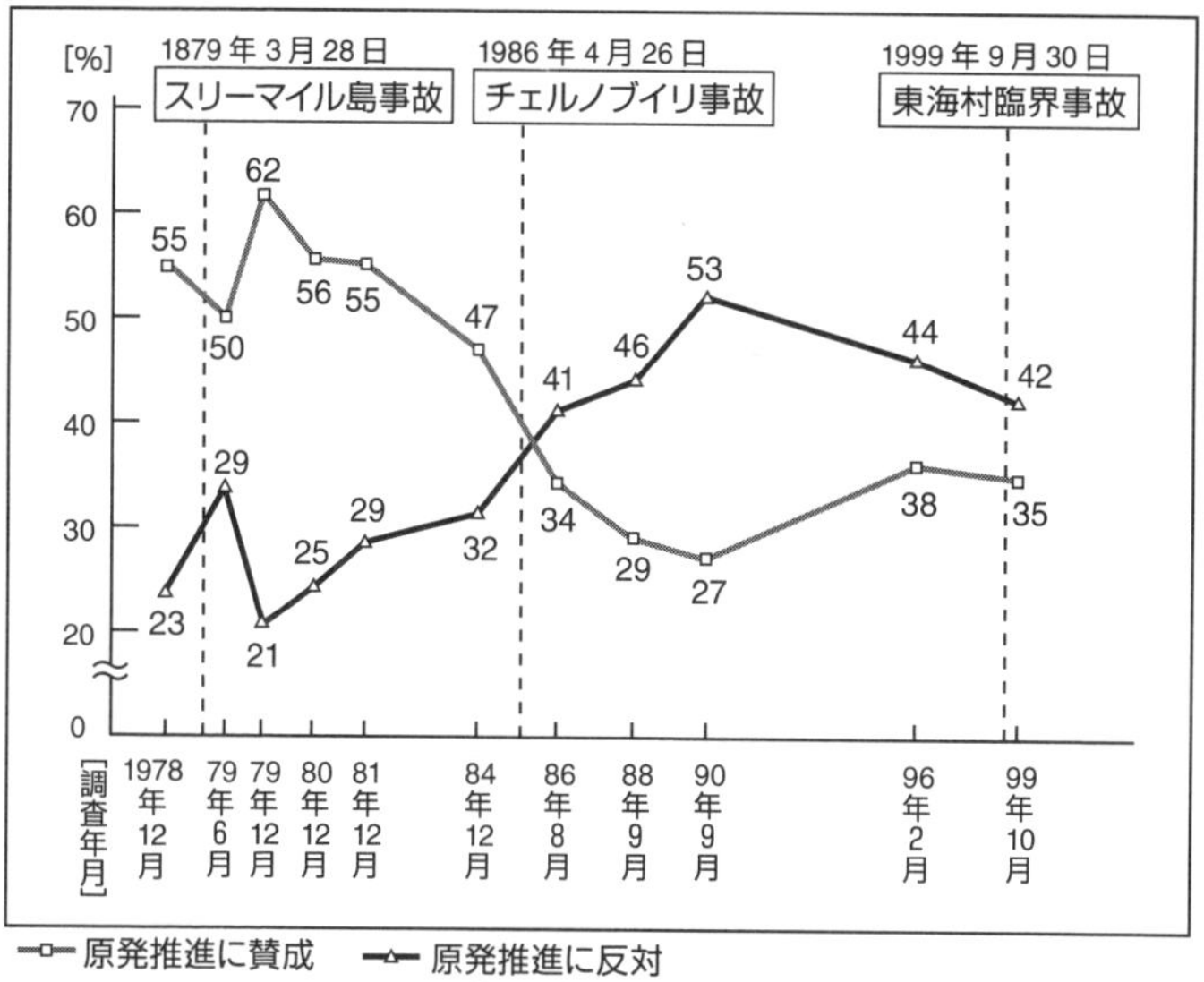

「原発推進に対する世論の推移」(朝日新聞社調べ)

賛否伯仲に戻った理由は、地球温暖化問題の登場で二酸化炭素を出さない原発の利点が喧伝されたこともあるが、それより、発電量の三分の一を占める現実の重みに「やはり原発なしではやっていけないのでは」と考える人が増えた結果だろう。

それはともかく、国民の賛否がこれほど揺れ動く技術は、原子力のほかにはないといえよう。

この国民世論が福島原発の事故でどう動いたか。同じ質問ではないので明確な比較はできないが、事故後の四月一六、一七日に朝日新聞社が行なった世論調査「原子力発電を利用することに賛成か反対か」という質問に対する結果は、賛成五〇%、反対三二%と、驚くほど賛成が多かった。

原発の電気を使っているという現実の重みと停電への恐怖からであろうか。ところが、同じ質問を五月一四、一五日に繰り返したところ、賛成四三%、反対三六%と差が縮まり、さらに一週間後の二〇、二一日調査では賛成三四%、反対四二%と逆転した。六月一一、一二日の調査でも賛成三七%、反対四二%だった(グラフ❷)。

わずか二カ月くらいのあいだに、しかも事故の様相もほとんど変わっていないのに、世論はこんなにも動くものだろうか。調査のやり方に問題があるのかもしれないが、とにかくこんな結果が出ているのだ。

事故はなお進行形であり、これからどうなるか、予断は許さない。国民世論の動向についても、今後さらに変化するかもしれない。注目して見守っていく必要がある。

◆――脱原発か推進か? 新聞論調は二極化

ところで、日本はこれから脱原発の方向に向かうのか、それともこれまでどおり原発重視の方向でいくのか、いま重大な岐路に立っている。

これまでの新聞論調は、バラ色の五〇〜六〇年代から、対立の七〇年代、世論と政策が乖離した八〇〜九〇年代を通じて、各社ともだいたい同じ方向を向いてきた。朝日新聞の論説主幹を務めた岸田純之助氏が「社論は?」と問われて答えた名文句、「イエス、バット」とくら

グラフ❷——福島原発事故以降
原子力発電を利用することに賛成か反対か

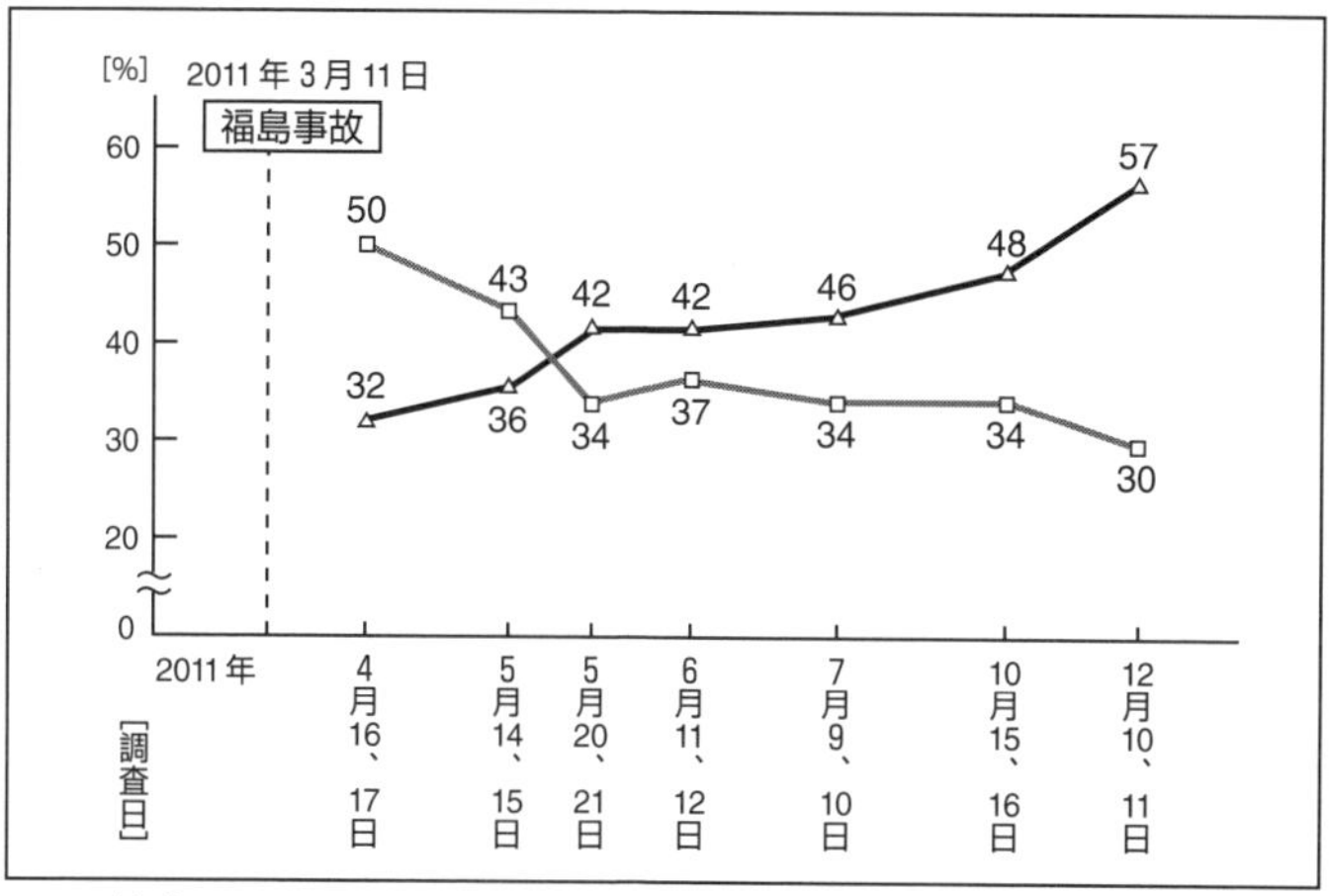

（朝日新聞社調べ）

れる状況できたのである。

つまり、バラ色の時代は、バットが軍事利用の禁止だけだったのが、次第にバットが大きくなり、事例によって、あるいは社によって、ときにはノーになるものもあったりしたが、全体としてのイエスには変わりなかった。

それが、福島事故でどうなったか。

朝日新聞は七月一三日付の朝刊で「提言　原発ゼロ社会」と題する社説を掲げ、日本は脱原発へ向けて舵を切るよう主張した。一面に論説主幹の「いまこそ政策の大転換を」と題する論文を置き、一四、一五面に見開きの社説ページを作って「高リスク炉から順次、廃炉へ」「核燃料サイクルは撤退」「風・光・熱大きく育てよう」「分散型へ送電網の分離を」と総合的に論じた。

福島事故以来、たびたび「原発への依存を

減らそう」とか「脱原発に踏み切ったドイツを見習おう」とか、その方向への社説が何回か出ていたが、ここでもう一歩、踏み込んで社論を明確に打ち出したわけである。

毎日新聞も、四月中旬の政策転換を求める社説以来、だいたいその方向できており、八月上旬の連続大型社説で脱原発の主張を明確にした。また、東京新聞は、「こちら特報部」の記事ともあいまって、かなり激しく反原発の方向に走っている。

一方、それに対して読売新聞、産経新聞、日本経済新聞は、はっきりと「原発は必要だ」という方針を打ち出しており、社説でも記事でもその方向で紙面が作られている。つまり、原子力をめぐっての新聞論調は、「朝日・毎日・東京」対「読売・産経・日経」とかなりはっきりと二極分化したのである。

新聞論調の二極分化といえば、憲法・安全保障問題での「朝日・毎日」対「読売・産経」という対立を思い浮かべるが、エネルギー政策というまったく違うテーマで、またまた同じ対立の構図が生まれたのはなぜなのか。

憲法・安保での二極分化は、ひと言でいえば読売・産経の「日本だけ平和であればいいという一国平和主義では世界の孤児になる。憲法も改正して軍事貢献もできる普通の国になるべきだ」というのと、朝日・毎日の「改憲なんてとんでもない。国際貢献は非軍事面に限る特殊な国でもいいではないか」というものである。

二極分化が同じ構図になったということは、まったく違うテーマのように見えても、原発を

グラフ❸——原子力発電を利用することに賛成か反対か

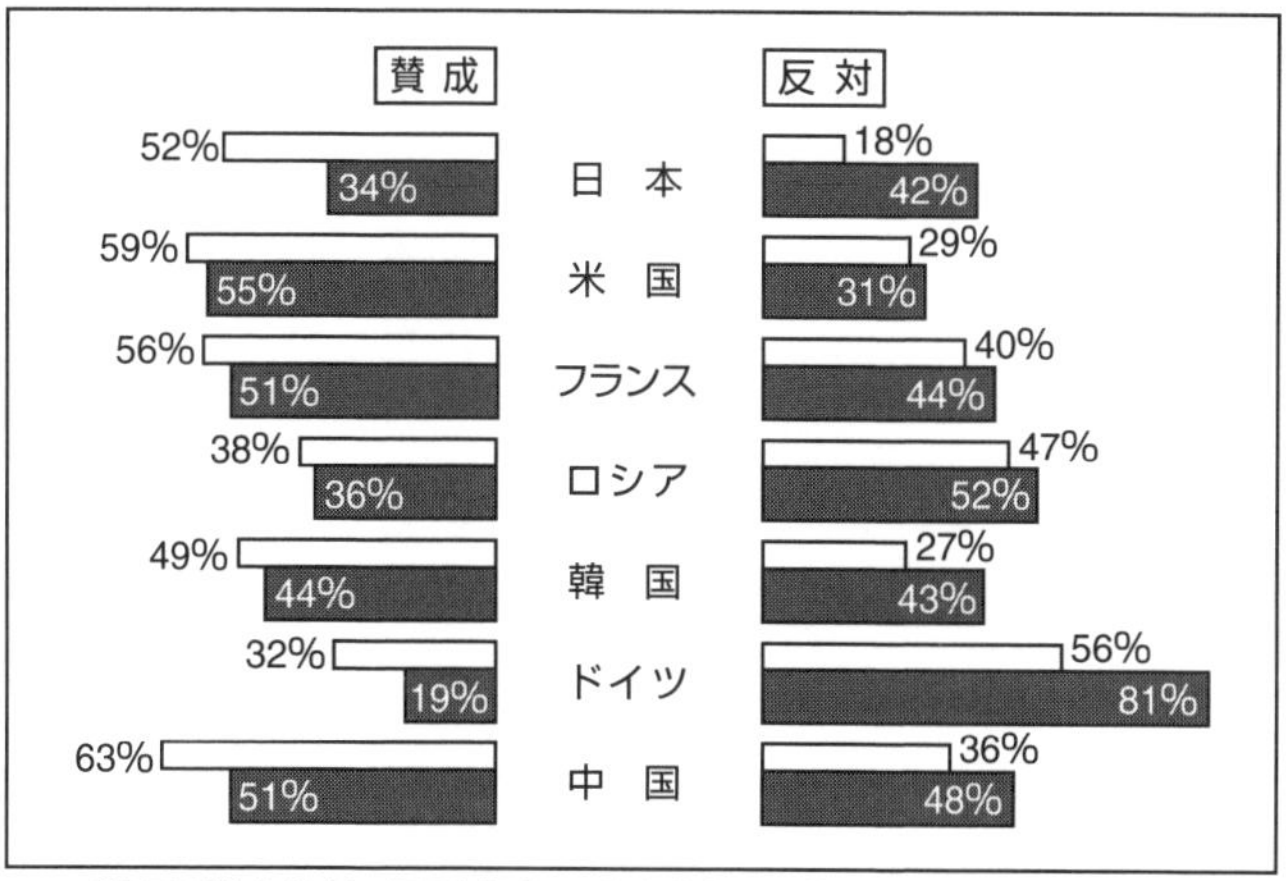

□ 福島原発事故前　■ 福島原発事故後　※「その他・答えない」は省略

（2011 年 5 月、朝日新聞 7 カ国調査）

どうするかという問題は深いところで安全保障問題とつながっているのだろう。

いずれにせよ、原発をどうするかという最終的な決定は、国民投票で決めることになるのだろうと私は予測しているが、その前に、新聞論調が真っ二つに割れて互いに自ら信じる道を説く、ということは悪いことではない。

たとえば、読売新聞は、朝日が脱原発の社説を出したらすぐに、「検証　脱原発」という企画記事をスタートさせ、日本が脱原発に踏み切ったらたいへんなことになるぞとデータで示す連載を始めた。

たとえば、原発に代わる再生可能エネルギーといっても、現状はわずか一％であり、コスト高も無視できない。電気代の値上がりや節電で企業は「六重苦」に陥り、地球温暖化防止の国際公約も果たせなくなる。ドイツや北欧諸国が脱原発だといっても、フランスをはじめ米国、ソ連、中国、インド、韓国、ベトナムなどなど推進国のほうが圧倒的に多いのだ、といった調子である。

もちろん、脱原発派の新聞も、これから「脱原発は可能である」ことをデータで示す記事が次々と出てくるに違いない。

前ページのグラフ❸は、朝日新聞が事故から二カ月あまりたった二〇一一年五月末に報じた七カ国世論調査の結果である。対象国は、世界の主要原発国と、建設中の原発が最も多い中国を選んだといい、質問は先のグラフの国内世論調査と同じ「原子力発電を利用することに賛成か反対か」である。

グラフを見て、まず目につくのは、ドイツの反対意見がきわだっていることである。ドイツはかつてチェルノブイリ事故で脱原発の方向に舵を切り、その後、揺れ戻していたが、福島原発事故ではっきりと原発をやめることにした国だ。そういう国の方針を国民も強く支持しているということだろう。

ドイツを除くほかの六カ国は、いずれも原発推進国だが、グラフからも明らかなように、国内には相当な比率で反対の世論が存在し、そのうえ福島事故で反対派がかなり増えたことがわかる。とくにロシア、日本、韓国などは反対派が半数を超えそうな様相である。

この七カ国調査でみるかぎり、脱原発はドイツだけだが、世界的に見ると、福島事故後に国民投票で反対派が多数を占めたイタリアをはじめ、チェルノブイリ事故からその方向にあるスウェーデン、オーストリア、スイスなど、ヨーロッパには脱原発を目指す国が少なくない。

各国の原子力政策は、大きくいえば、二極分化しつつあるといえようか。そのなかで最も注目されているのが日本の動向だ。チェルノブイリ事故で世論は大きく傾いたのに、世論を無視して推進一色に進めてきた国であり、技術水準が最も高いと思われていたのに、世界で最悪の事故を起こした国だからだ。

とくに、中国をはじめ韓国、インド、パキスタン、ベトナムなど、これから原子力発電に積極的に進めようとしているアジア諸国にとって、日本がどうするかは注目の的に違いない。国民世論はどう動くか、政治はどう舵をとるか、福島原発の後始末を含めて、すべてはこれからだ。

日本の原子力報道は、最初から現在まで、失敗に次ぐ失敗であり、その結果が重大事故を招いてしまったことはすでに見てきたとおりだが、これからがまさに正念場である。世界中の注目のなか、これまでの失敗に対する反省のうえに立って、科学ジャーナリズムの模範となるような原子力報道を期待したいものである。

第三章

脱・原子力村ペンタゴン、脱・発表ジャーナリズム

小出五郎

❖こいで・ごろう――科学ジャーナリスト。東京大学農学部（放射線生態学専攻）卒業後、六四年にＮＨＫ入局。ディレクターとして「核戦争後の地球」等の科学番組を多数企画・制作。「驚異の小宇宙・人体」ではキャスターも務める。文化庁芸術祭大賞、日本賞等を受賞。ＮＨＫ解説主幹、大妻女子大学教授、科学ジャーナリスト塾塾長、日本科学技術ジャーナリスト会議会長を歴任し、二〇一〇年に第五五回前島賞を受賞。三・一一後は福島原発震災関連の番組に多数出演。著書に『原子力は必要か』『超石油エネルギー』『仮説の検証　科学ジャーナリストの仕事』他多数。

◆——浜岡原発は安全といえるのか？

私はこれまで原子力に一貫して批判的な立場に立ってはいたつもりだが、NHKという組織の一員としてじゅうぶんに仕事をしたかと自問自答すると、やはり努力が足りなかったかもしれない。だから今回の原発震災発生に対し忸怩《じくじ》たるものがある。とくに被災した方々にはお詫《わ》びしなければならないと思う。

以下のエピソードは、そんな私の「もう少しがんばるべきだった」といまにして思う懺悔《ざんげ》録である。

三五年ほど前にあたる一九七七年三月二日、NHK総合テレビは「耐震設計」というタイトルの番組を放送した。担当したのは私で、科学番組のディレクターをしていたときのことだ。

NHKが科学ドキュメンタリー番組を作るようになったのは六七年からで、最初は「あすをひらく」というシリーズである。しかし、公害問題などが深刻化してくるにつれ、科学技術が必ずしも明るい面だけではないということになり、七一年に「あすへの記録」シリーズに衣替えしていた。そのシリーズの一番組だった。

三〇分のフィルム・ドキュメンタリーである。ディレクターは、企画を立て、会議で承認されたら、カメラマンと現場に出かけ撮影と詳しい取材をする。局に戻って、撮影したフィルムを編集し、効果音や音楽をつけ、最後にナレーションを書きアナウンサーに読んでもらって収録する。ドキュメンタリーとは、このプロセスからしてもディレクターのメッセージ性が濃厚な番組である。

それにしても「耐震設計」とは、内容がピンとこない地味なタイトルだ。書店の棚に並ぶ土木工学の専門書のようだ。おもしろくないから番組を見てくれるなと視聴者にいっているようでもある。いまほど新聞の番組欄を見るだけで内容が推測できるようなタイトルは流行《はや》っていなかったが、それにしても奇妙である。

「耐震設計」の内容は、静岡県の御前崎に建設中であった中部電力浜岡原子力発電所が、予想される東海地震の震源域の真上にあることの安全性を問う番組であった。担当ディレクターとしては、もともとそのつもりで企画を提案し、承認されていたものだった。

企画のきっかけは、東京大学理学部助手だった石橋克彦さん（現在、神戸大学名誉教授）が七六年に発表した、東海地震の「駿河湾地震説」である。その想定震源域が浜岡原発の直下にあるとしたら、浜岡原発は安全といえるだろうか。取材を通じてその答えを得ようというのがねらいであった。結果は、設計時に想定した加速度の根拠と計算法がはなはだ不確実ということであった。

それでも撮影は予想外に順調に進んだ。中部電力も別に現場の撮影をいやがることもなく、撮影許可が出た。建設現場は造船所に似ている。巨大な上に明るさが足りない。当時は感度の低いフィルムで撮影していたので照明が必要だったが、あまりに巨大すぎてそれも無理。手持ちのライトの光が届く範囲だけを撮影するほかなかった。それでも格納容器の最下部にある圧力抑制プールなどを、現場責任者へのインタビューとともにフィルムに収めた。圧力抑制プールは原子炉を緊急停止したときに、タービンを回していた蒸気を誘導して冷却する装置である。

◆――骨抜きのタイトル「耐震設計」

ところで、この取材で最も印象に残る出来事は、業界用語で粗編《あらへん》というが、ほぼ編集の終わった段階で番組責任者の上司に見せたときに始まった。

粗編に上司は不機嫌だった。

「東海地震が起きるというのは『説』に過ぎない。『説』というのは確かではないということだ。確かではないことに基づいて原発の安全に疑問があるといえるのか」

「駿河湾沿いには、原発以外にも石油コンビナートなどいろいろな施設がある。原発が危険というなら、ほかの施設についてもいうべきではないか」

反論はしたが、不愉快そうに眉をひそめた上司の口からは、ああいえばこういう式の異論がとめどなく出てくる。私はそれを上司のトンチンカンないちゃもんと受けとめ、ムキになって口ごたえした。そして、ついには「このままでは放送に出せない」とまでいわれてしまった。

私の原発番組を放送しない場合に代わりになる在庫があるはずもなかったが、上司の命令には逆らえない。「原発以外の施設についても触れろ」、「タイトルは『耐震設計』にしろ」など、不服ではあったが最後は受け入れた。

ディレクターは大胆が美徳だが、上司は慎重が美徳である。補完関係が機能としてそれぞれの美徳をまっとうしたともいえるが、私は上司の言葉の端々に異様な外圧を感じとって、抵抗を切りあげた。

ドキュメンタリーは制作者のメッセージがいのち。そこが揺らいだ。タイトルもさることながら、重なる妥協で大骨も小骨も抜かれて、メッセージの不明確なぐちゃぐちゃした番組になった。耐震設計から骨が抜けたら耐震の保証はなくなる。これはもうジョークだ。

放送時には視聴者からの電話の問い合わせに答えるために職場で待機するのが常だったが、このときばかりは「おれは知らないよ」という心境になって意識的に姿をくらました。そして、某所で密かに荒れた。もっと抵抗すべきだったかもしれないが、その程度ですませた。

すでに原子力推進は国策になっていた。いわゆる安全神話が世のなかに広まりはじめていた。上司はその風向と風力を敏感につかんでいたのだろう。もっと露骨にポンと肩でも叩かれて、「地震にかこつけて、原発批判の番組の取材をしているようだね。慎重に頼むよ」くらいのことを、放送局内外の誰かにいわれたのかもしれない。

ともあれ、原発にメディアが気を遣わなければならない雰囲気が、しだいに濃厚になってきたころの体験であった。

◆——原子力村の原型が誕生

日本の原子力は、そもそもの始まりのときからメディアの関係者がキーパーソンとして深く関わっている。正力松太郎である。

正力松太郎は一八八五年に生まれた。内務省官僚を務めたのち、一九二四年に弱小新聞社だった読売新聞社社長に就任、たちまち大新聞社に育てあげた。三六年の読売巨人軍の創設も読者拡大の手段になった。四五年に敗戦、その翌年に公職追放の処分を受けたが一年で復帰する。五二年には日本テレビ放送網社長として、テレビと新聞を手中に収め、五五年の総選挙に初当選して政治家となり、翌年には原子力委員長に就任している。

正力松太郎は、日本の「プロ野球の父」「テレビ放送の父」「原子力の父」と呼ばれる。プロ野球はさておき、このことは正方松太郎が日本にテレビと原子力をセットにして導入した中心人物だったことを物語っている。

テレビと原子力は、アメリカの外交戦略の要であった。

第二次世界大戦後、米ソ両超大国の緊張が激化、核兵器を保有して対峙する冷戦の時代が始まった。アメリカは原爆投下でソ連の極東進出を阻んだが、四九年にはソ連も原爆を保有、五二年にアメリカが水爆実験をすれば、五三年にはソ連も続いた。先行するアメリカを追いあげるソ連の勢いは急であった。

そうした背景のなかで、アメリカはソフトな外交を展開する。テレビはアメリカ人の自由で豊かな生活の映像をふんだんに流したが、それはアメリカを盟主とする資本主義がソ連の共産主義に勝ることを示す戦略だった。

原子力については、五三年のアイゼンハワー大統領による「原子力平和利用宣言」が転機になる。原子力を未来を約束するエネルギー源として「平和利用」するというもので、軍事から民事へ原子力の技術を転用するという大転換であった。

テレビと原子力というセットは、アメリカの平和的姿勢と西側陣営の優越を世界に示すPR作戦の中心となった。正力松太郎は、このようなアメリカ外交の日本側の窓口として行動していた。

五三年には、NHKとNTV（日本テレビ放送網）がテレビ放送を開始する。プロレスを中継する街頭テレビに群衆が殺到した。五四年、読売新聞は原子力キャンペーンとして「ついに太陽をとらえた」を大々的に連載した。原子力推進の世論形成を目指していた。

政治家も動く。中曽根康弘衆議院議員らは国会に二億三五〇〇万円の原子力予算案を提出した。核燃料の「ウラン二三五」にちなんでの金額だったという。予算に語呂合わせは珍しくないが、おおまかな着手金的な性格の予算だった。それでもすんなりと国会を通過することになったのは、原子力はビッグビジネスになるという財界と経済官庁の期待を込めたあと押しがあったからである。

この段階で、メディアと政治家と財界と官庁、それに専門家、学者が加わり、原子力推進を共通の意思とする「原子力村」の原型ができあがる。

◆――科学記者の登場

しかし、五四年といえば、マグロ漁船第五福竜丸の乗組員がビキニ環礁の水爆実験によって被曝した年である。広島、長崎に続く放射能の惨禍だった。無線長・久保山愛吉さんの死もあって、日本だけでなく世界的に反核の機運が盛りあがり、原水爆禁止に賛成の署名は三〇〇〇万人を超えた。だが、「反原水爆」は「反原子力」にはならなかった。アメリカが国際原子力機構（現在のＩＡＥＡ）の創設を提案したときの、「原子力を死の手段から豊かな生活の手段に変える」というアピールが、「軍事利用と平和利用は別」として明るいニュースを好む世論の支持を得た。

五五年二月、総選挙で正力松太郎初当選。原子力推進に拍車がかかる。五月にはアメリカから原子力平和利用使節団が来日する。団長は原子炉メーカー会長のジョン・ホプキンス。招いたのはもちろん正力松太郎で、一九日間にわたる使節団の訪問を読売新聞は詳しく伝え、原子力の夢を語り、ムードを盛りあげた。一一月には原子力平和利用博覧会が開かれ、原子力研究所（原研）が発足した。一二月には原子力基本法が成立した。

五六年、正力松太郎は原子力委員会の初代委員長に就任する。政治とメディアが一体化した瞬間である。五月、原子力がその予算の八割を占める科学技術庁が発足、やはり正力松太郎が長官の座に就いた。政治家と新聞・テレビの実力者の両方を演じ、正力松太郎は日本への原子力導入を強力にけん引した。

五七年、原子力時代が目に見えるようになる。八月、原研で第一号の実験炉が臨界に達した。一〇月にはやはり原研で動力試験炉による初の原子力発電に成功した。「成功」は大々的にテレビを通じて放送された。この年には、民放三四社にテレビ免許が発行されている。テレビ映像は「平和利用」の様子をつぶさに伝え、視聴者は明るい未来を予感して拍手を送った。

新聞、テレビに科学記者が登場したのもこのころからである。原子力のしくみや可能性に関する「正しい知識を、一般大衆にわかりやすく正確に報道」する。それがメディアと科学記者の使命とされた。

原子力をわかりやすく伝えるのはいい。しかし、ここで注意したいのは「正しい知識」「正確に報道」「一般大衆」といった言葉である。「正しい知識」も「正確に報道」も、原子力を推進する立場から見てのこと。当然のことながら、批判的だと「間違った知識」「不正確な報道」になる。そして「一般大衆」は、原子力関係者以外の人びと、啓蒙の必要な無知な人びとを指す。ふつうの人びとのことだ。

現在でも、「科学記者は、専門家の仕事や言葉を、正確に翻訳し、素人でもわかるようにするのが仕事」という信仰が残る。これは科学記者は学者の御用聞きといっているようなものだ。

の流れのなかで誕生したいきさつと深い関係があるように思う。

ぜか「科学記者」だと収まりが良い。その理由の一つは、科学記者が滔々《とうとう》たる「原子力推進」

るとその奇妙さがきわだつ。「そんなことはありえない」とたいていの人は思う。しかし、な

「科学記者」の部分を「政治記者」「経済記者」に、専門家を「政治家」「財界人」に置き換え

◆――原子力村のペンタゴン

もちろん原子力推進と原子力村の誕生に批判的だった人がいなかったわけではない。原子力と核兵器が密接な関係にあることを何よりも懸念した人びとだ（他方、密接な関係があるからこそ、原子力の導入に熱心だった人びともいる）。

坂田昌一をはじめとする名古屋大学物理学教室はその発信地だったし、日本学術会議が平和利用三原則を提唱したこともあって、原子力基本法には「民主、自主、公開」の三原則が盛り込まれた。しかし、ノーベル賞を受賞した湯川秀樹が、正力委員長のもとで原子力委員に就任しながらたった一年で辞任したように、現実には、高度経済成長とともに、原子力村の推進偏重を憂慮した科学者の批判、理念は、次第に忘れ去られていった。

原子力村の構造を詳しく見てみよう。

図❶にあるように、原子力村は「政、官、業、学、報」を五つの頂点とし、五つの頂点の一つ一つがそれぞれ他の四つの頂点と、辺と対角線によって、しっかりと結びついた五角形構造

図❶――原子力村のペンタゴン

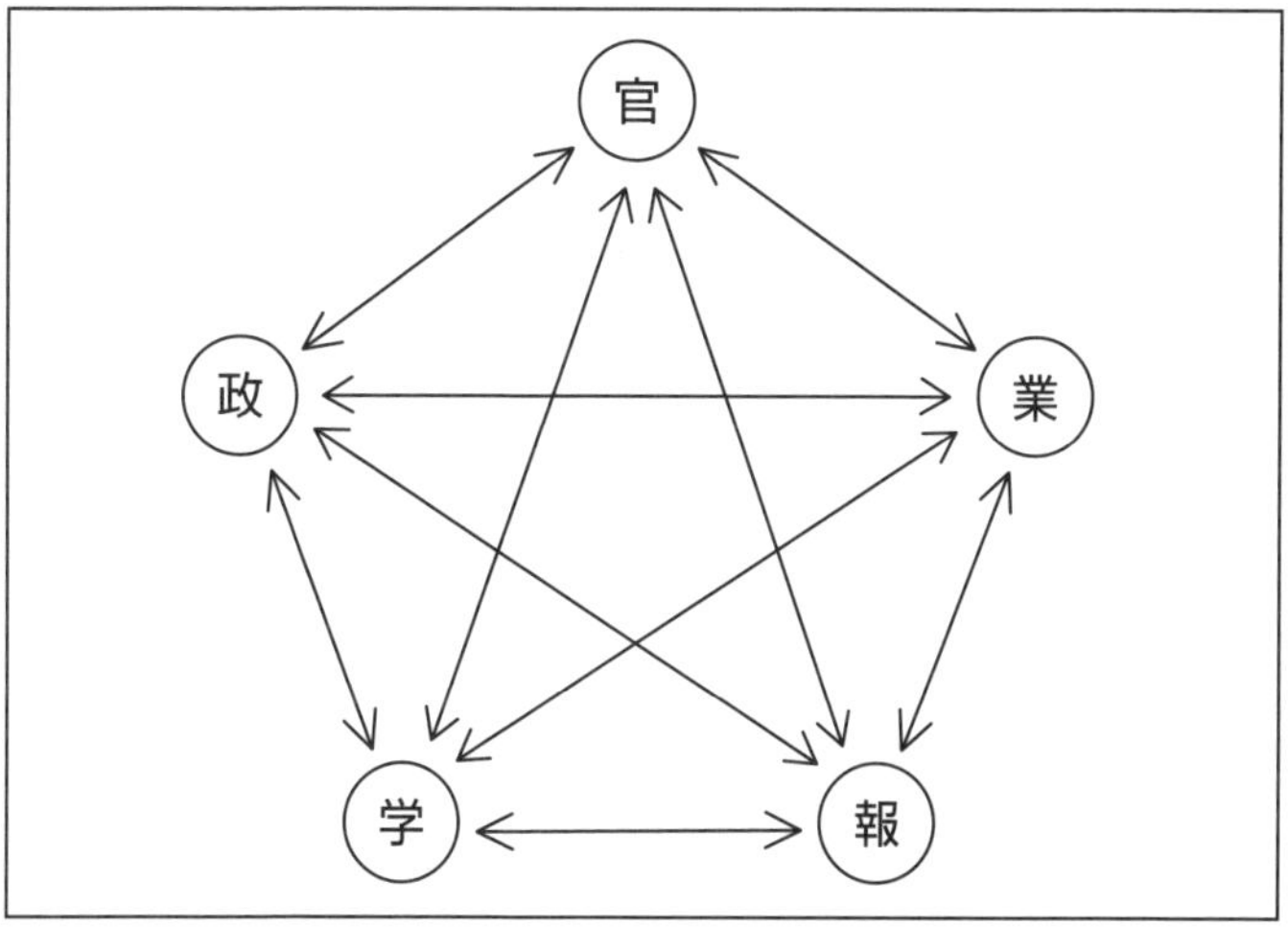

巨額の資金、双方向の人的交流と便宜の供与が特徴

をしている。辺と対角線は、みな双方向の互恵関係にある。

五角形は英語でペンタゴン。ペンタゴンといえば、アメリカの首都ワシントンDCにある国防総省の通称。原子力村の五角形構造を、その性格から、私は「原子力村のペンタゴン」と呼ぶことにした。

まず、五つの頂点である。

「政」は、国会議員と地方の議員と有力者を意味する。「官」は、関係する省庁、現在でいえば、経済産業省と文部科学省の官僚である。これまでの原発関連訴訟のいきさつからすれば、司法も含めていい。「業」は、本来は「財」とでもいうべきところだが、「財」では不じゅうぶんなのであえて「業」とした。業界の「業」である。電力会社、原子炉メーカー、関連メーカー下請け企業群、金融機関だけではなく、その労働組合と連合組織が一体化して原子力村に所属する体制になっているからである。

労働組合とその連合組織が原子力推進を主導してきたことは、自公政権から民主党の連立政権への交代後に、原子力推進がいっそう明確になったことによく現われている。とくに、原発反対の社民党が連立を離脱してからは、推進がひときわ鮮明になった。

民主党には、電力関係の労働組合や連合組織出身の、そこを資金源と票田にする議員が少なくない。自民党には原子力推進から反対までの多様な意見が党内にあるが、労働組合とつながる民主党議員には、その迷いがないようだ。

フクシマ三・一一の影響で撤回になったが、二〇一〇年に民主党政権が発表したエネルギー計画は、まさに原子力推進一辺倒であった。

三〇年代初めまでに一四基の原発を新増設、設備利用率を九〇％に引きあげるとし、原発輸出にまで踏み込んだ。原発輸出は核拡散につながる。自公政権時代にもなかった蛮勇である。原子力推進への、タガが外れたかのような勢い。「過ちは繰り返さない」とした誓いはどこへいったのか、疑問を感じさせる計画であった。この机上の空論が原発震災で一応ご破算になったが、わずか一年でふたたび原発輸出と原発依存方針が息を吹きかえしている。

ペンタゴン構造に戻る。

「学」は、大学、研究機関の学者、「報」は報道機関の幹部と原子力推進に協力する科学記者たちを指すことはいうまでもない。

これら「政、官、業、学、報」の五つの頂点は、それぞれ↔で示した双方向関係の辺と対角線によって、他の四つの頂点と結びついている。この関係が強いほどペンタゴン構造は頑丈な作りになるわけだが、その強さを保障するものは何か。簡単にいえば、接着力の源泉は利権である。つまり、「巨額の資金、生涯保障の人的交流、多種多様な便宜」の三点セットが接着力の根源なのである。

◆――村に認知された記者

ここでは、「報」についてだけ触れるにとどめる。

原子力村には、原子力推進に熱心なことを自他ともに認める科学記者、そのOBがいる。それも決して少数ではない。だいたいは原発震災後のいまなお「原子力は基幹エネルギー源」と言ってはばからない。記者として信念と主張を変えないのは間違っていないと思う。しかし、立派な原子力村の一員として生きてきたので、いまさら変えられない事情もあるようだ。

原子力村に所属していると取材するのにも都合が良いことがたくさんある。記者は電力会社が提供する「内部」資料をもとに記事を書ける。発表やリークをもとに記事を書けるから、少数の記者でカバーできる。人件費が安く済み、その分経済効率が良いから、メディアの経営者にも都合が良い。ほかにも特典がある。

たとえば、業界が企画し便宜を提供する世界原発視察ツアーに、記者は「実費で」参加でき、見聞記を書ける。もちろん中立の装いは必要だから、内容は「多少の批判と強力な推進」が重要だ。たまに批判の勇み足をすると、「ご説明したい」と村の幹部が連れだって職場にやってくるから、ほどほどが肝心だ。

村に認知された記者は、退職後は「何を書いても自由」を条件に、業界団体にポストを得て、原子力推進を仕事とする。これで生涯の生活は保障される。ジャーナリストはいちおう中立を建前にしているので、業界団体にも大きなメリットがある。広報宣伝に中立を装うことができるからである。さらに村人記者は広報戦略の指南役も果たす。一九九一年一月に原子力文化振興財団が発行した資料、「原子力PA方策の考え方」はその一例だ。PAとは、パブリック・アクセプタンス、つまり「ふつうの人が受け入れること」の意味である。五人の委員会メンバーによる討論結果だそうだが、委員長は新聞記者OBが務める。

内容の、ごく一部を抜きだすと次のようなものだ。

PAの対象については、「父親層がオピニオンリーダーになるとき、効果が大きい。女性（主婦）層には、訴求点を絞り、信頼ある学者や文化人等が連呼方式で訴える方式をとる。『原子力はいらないが、停電は困る』という虫のいい人たちに、正面から原子力の安全性を説いて聞いてもらうのは難しい。ややオブラートに包んだ話し方なら聞きやすいのではないか」とする。

ＰＡの目的達成のためには、「新聞記事も読者は三日もたつと忘れる。繰り返しで刷り込み効果が出る」、「事故時は聞いてもらえる、見てもらえる、願ってもないチャンスだ」と、じつに大胆に教示する。「電力消費量のピーク時は必要性広報の絶好機」というわけだ。

ＰＡの考え方は、「不美人でも長所をほめ続ければ美人になる。『原子力は美人』といい過ぎた」と分析し、「川も海も火山も暴れると怖い。ただし対策があれば安心できる。泥遊びすれば手が汚れるが、洗えばきれいになる。危険や安全は程度問題であることをわれわれはもっと常識化する必要がある」と、原子力のリスク観を語る。

ＰＡには積極性が必要ということも指南する。とくに学校教育は重要として、「教科書は厳しくチェックし、文部省の検定に反映させるべき」である。国策遂行には原子力推進教育が不可欠とする。

そして、マスメディアの活用にも言及する。

新聞、週刊誌など活字メディアに対して、「停電はいや、原子力はいやと、虫のいいことをいっているのが大衆である（このセリフが好きなようで多用される）ことを忘れないようにする。『安全だ』といわず『危険だ』と表現し、読む気を起こさせる。漢字を少なくし、写真やイラストを多くする。わかりやすさではマンガ。食をテーマに大量の読者層を開拓した『美味《おい》しんぼ』シリーズの手口を学びたい」。テレビに対しても、「既存の番組に原子力の話題を取り上げて、半年から一年と継続する。ドラマの主役を原子力技術者にするなど、抵抗の少ない形で原子力を盛り込む」。原子力になぜ批判があるかを無視して、ソフトにすれば受け入れられると単純化する。傲慢不遜の上から目線もここまでくれば立派かもしれない。ついでに「PAには民放のほうが良いのではないか。NHKは批判色が強い。飛びぬけて間違いが多く、誇張が目立つ」のだそうだ。これはNHKに対する褒め言葉かもしれない。

マスコミ関係者にアクセスしろともいっている。「マスコミ関係者と個人的なつながりを深める努力が必要。接触してさりげなく情報を注入することが大切」、「関係者と原子力施設見学会を行なう。親しみがわく。五、六人からなるロビーをつくり、つねに交流をはかる。テレビのディレクターに知恵を注入する必要がある。人気キャスターをターゲットに、会合を持ち、情報を提供する。個人的つながりが深ければ、ある程度配慮し合うようになる」。飲食を伴う交流を薦め、仲間同士になることで「お手柔らかに」というわけである。

もっと露骨なことがある。原子力業界はメディア業界を「金」で操作する。東京電力だけでも年間に数百億円もの広報宣伝費を支出してきたというが、それはメディア業界に番組の制作費、広告の掲載費、CMの作成費と放送費として流れる。

ニューメディアの成長と経済不況のために、従来型メディア業界への資金流入は細るばかりだ。このような構造不況下では、原子力村の意向に背くのは困難だ。むしろ推進に協力して安定的な資金を得て経営を安定させるほうが賢い選択となる。結果、メディアの経営者は原子力村の利益擁護にまわる。

◆■◆――都合の悪いことは「想定外」

そもそも「村」といわれるゆえんは、村独自の原理原則、つまり「掟《おきて》」が存在することにある。

村では、「掟」への批判は「ありえない」ことなのだ。「掟」は不可侵である。村人は原子力推進の目的を共有し利益と相互扶助の環境で快適だが、村外の者の目にはそれが非常識で不透明、独善的で閉鎖的と映る。ときには村内に批判の声があがるが、村人を総動員して封じ込める。村内に批判が起きそうになったら、その芽を摘んで人事異動と昇進停止で沈黙させる。それでもがんばる者は、異端者として切り捨てる。

のちほど詳しく触れるが、これまで推進と規制の、互いにけん制することに意味のある二つの組織が、ともに経済産業省という同じ屋根の下にあった。経済産業省から業界へ、習慣的に、伝統的に天下りが継続されてきた。核燃料サイクルの見通しのないままに、税金を投入して破綻しないように支える。廃棄物処理を除外した経済性の主張、札束攻勢による地域社会の破壊。その一方で、脱原子力を促す電力自由化、発送電の分離、再生可能エネルギー利用の技術開発と制度の構築などは、「異端」の主張と抹殺し続けてきた。

学者の選別も行なわれた。原子力推進を批判する学者は村に入れない。村人だった学者も批判すれば村八分にする。つまり、ポストを与えず転向を迫り、的確な批判は黙殺する。複数の村人の学者から何度も、「批判派とは話をしても無益だ。共通の言葉すらない」という共通認識を聞かされた。そこには信じがたいほどの批判派に対する異端視がある。

そして頻繁にトラブルが起きる。そのようなとき、村の安泰が最大の目標へと変わる。都合の悪いことは「想定外」にする。大津波を意図的に想定しなかったのが典型的な例である。仙台平野のボーリング調査で、厚さ数センチの砂層が発見された。海から運ばれた砂の層であり、過去の大津波発生を示す証拠である。その間隔、八〇〇年から一一〇〇年。八六九年の貞観《じょうがん》地震・津波の再来は予想されていた。東京電力は二〇〇六年、原子力工学国際会議で「五〇年以内に一〇％の確率で大津波を予想」していたが、実際の対策はコストの関係で先送りにした。

さらに発生した事故は過小評価する。事故を事象といい換える。安全保安院による福島原発の「レベル七」の発表、東京電力による一号機、二号機、三号機の「メルトダウン（炉心溶解）」の公表などの、その驚くべき遅さに過小評価の空しい努力の痕《あと》を見る。

このほか、隠ぺいとデータの改ざん、神風を期待するような根拠のない楽観など、挙げればきりがない。このような村の文化の象徴になったのが、原発震災で崩壊した安全神話である。神話とは、その根拠は薄弱だが、いったん広まると否定しにくい壁と化す根も葉もない物語のことである。

なった。

◆――安全神話の形成

安全神話の形成には科学的装いをほどこす必要があるが、それに都合良く合致したアメリカの報告がある。原発事故とほかの事故の発生確率と比較検討し、一時は原発のリスクの原典となった。

リーダーは、マサチューセッツ工科大学（ＭＩＴ）原子力工学科のラスマッセン教授。一九七二年にスタート、二年をかけ、三〇〇万ドルの費用を投じ、有能なスタッフ六十余名を動員し、大型コンピュータを駆使して行なったという研究である。二五〇ページの本文と一〇冊の付属資料。全体では三〇〇〇ページを超える膨大な報告書である。ラスマッセン報告と呼ばれる。

原子炉の重大事故としては、メルトダウン事故を想定した。全電源喪失で冷却系が停止し、緊急炉心冷却装置ＥＣＣＳが作動せず、炉心溶融に至るという、まさに福島原発で発生した事故である。

確率計算には、ＮＡＳＡと国防省が開発した、イベント・ツリーとフォールト・ツリーの方法を採用した。

イベント・ツリーでは、事故発生に至る経路をすべて洗いだす。事故は「イベント」の連鎖で起きるので、連鎖する「イベント」を一つ一つ明らかにするというものだ。次に、それぞれの「イベント」が不能、不作動になる確率「Pn（n＝1,2,3,……）」を求める。最終的に重大事故に至る確率は、それぞれの「イベント」の確率「Pn」を掛けあわせて得られる。

次にフォールト・ツリーによって、「Pn」の数値を算出する。過去の経験から故障率がわかっているものはそのデータを、わかっていないものは妥当と思われる数値を、どちらもコンピュータにインプットして計算する。

こうして得られた確率に、外部に放射能が放出されたと仮定して被害規模を推定したが、気象条件で二五種、人口分布で一三種の条件に分けて、計算の精度を高めたという。

ラスマッセン報告は、結論を次のようにまとめている。

（一）原発の重大事故による人的・物的被害は、その他の事故、災害に比較して小さい（表❶参照）。

（二）原子炉一〇〇基の危険度は、隕石《いんせき》の落下で被害を受ける確率と同程度で、従来の社会生活に新しく危険を付加するものではない。

ラスマッセン報告は、原発安全神話を補強する科学として利用されることになった。原子炉事故は、隕石の落下で被害の出る程度のきわめてまれで無視して良い程度の確率でしか発生しない、原発は絶対安全であり、万一の事故を想定しての予防策など口にするまでもない些細な

表❶——おもな事故と災害の確率

事故・災害	100人以上死亡する確率	1,000人以上死亡する確率
航空機	2年	2000年
火事	7年	200年
爆発	16年	120年
毒ガス	100年	1,000年
たつまき	5年	極少
ハリケーン	5年	25年
地震	20年	50年
隕石落下	100,000年	1,000,000年
原子炉100基	10,000年	1,000,000年

（事故や災害が1件発生する確率を年数で示す）　〔出典〕WASH-1400

こととみなしてよい——。「絶対安全」は原子力村の空気になった。

ラスマッセン報告はほどなく、一九七九年のアメリカのスリーマイルズ島事故、八六年の旧ソ連のチェルノブイリ事故で、机上の確率計算に過ぎないことが明らかになる。また、福島原発震災後、ドイツはいちはやく脱原発を表明したが、そこにはドイツ倫理委員会の合意が決定的な役割を果たしている。損害の大きさと事故発生の確率の掛算の答えでリスクを比較する方法は、損害の大きさが著しい場合、倫理的に許されないというのである。

しかし八〇年代の原子力村は「日本の技術はアメリカやソ連と違う、優れている」という新たな神話を重ねることで、安全神話を維持することに成功してしまう。

もちろんそれは錯覚であり、村人は安全神話に自縄自縛の状態になった。原発に破綻はあり得ない。破綻を想定するのは卑怯者、臆病者のふるまいである。神話は原発周辺の協力自治体にまで広まり、事故を想定しての訓練など不必要ということになった。ここまでくると、「帝国軍人精神に敵するものはなし」とした、日中―日米戦争当時の大本営（天皇直属の陸海空三軍を束ねた最高権力機関のこと）発表を連想させる。大本営は根拠のない楽観的見通しを重ねて、日本を壊滅的な破局に導いた。

その結果はどうか。広島と長崎の無防備な市民の頭上に原爆が投下され、被爆者に対する放射能の影響はいまでも消えていないのだ。

◆――意外に健闘、テレビ番組

ところで、メディアは原子力村に所属し推進の側からの発表ニュースだけをたれ流してきたというイメージがある。ＮＨＫは「国営放送」だから、民放はスポンサーに迎合するからという、固定化したイメージが拍車をかける。たしかにそうした面があることを私は否定しない。先に述べたとおりだ。

しかし、それでもなお、メディアはひたすら沈黙を守ってきたわけではない。

この小論の冒頭に紹介した「耐震設計」制作のエピソードのように、原子力推進の流れが陰に陽に制作現場に影響を及ぼしていたことは間違いない。しかし二〇一一年秋に、「ＮＨＫアーカイブス・原子力シリーズ」の制作に参加して、言われるほど推進だけではなかったという気持ちを新たにした。NHKアーカイブスというのは、NHKが保存している過去の番組に、多少の解説の付加価値をつけて再放送する番組枠である。九月ごろに、四回連続で原子力番組を取り上げたいという話があり、喜んでプロジェクトに参加させてもらった。原子力番組のリストは約一三〇〇本。そのなかから四、五本を選ぶという。プロジェクトメンバー全員が目の疲れる苦行に従事する数カ月がそこからスタートした。放送は一一月から一二月にかけて行なわれ、キャスターは桜井洋子アナウンサーで私は解説を担当した。幸い評判もよかった。

このプロジェクトは、願ってもない良いチャンスとなった。そして、思ったことは、存外テレビは批判的な視点をもちつつ、健闘してきたことである。正直なところ私にとっても「予想外」なくらいだった。

まず、一九五〇年代。

原子力導入の方針が国策になってきたころ、日本学術会議は原子力研究開発の「民主、自主、公開」の三原則を強調した。

五四年一二月二九日のNHKの番組では、核物理学者の武谷三男が「原子力は世界的にまだ実験段階。採算がとれるのは一五年くらい先」、「第五福竜丸事件や原水爆禁止運動が落ち着き、秘密のない開発をすべきである。原子力はどさくさではできない」と語り、正力松太郎が主導する原子力推進に疑問を呈している。

一九六〇年代。

アメリカの原子力潜水艦と空母の寄港問題が起きる。その関連でＮＨＫのニュースは、科学者たちの原潜寄港反対声明をとりあげている。この批判的視点は、一九七〇年代に続く反対運動を取材する時の底流になっていく。

一九七〇年代。

原子力発電所への疑問をとりあげる番組が増加した。高度経済成長がもたらした公害と環境破壊に目が向き始め、その一環として原発も取材対象になった。

七三年一二月一〇日の「新日本紀行　サーカスの来るころ〜福島県浪江町」は、福島県双葉郡の太平洋に面した二〇キロメートルに及ぶ海岸に一六基の原子炉を建設する計画があると伝え、とくに温排水が漁業に悪影響を及ぼす懸念を語り、「(原発が) 安全でいいものなら、東京に造ったらいいんじゃないか」という反対運動参加者の言葉を紹介している。この地こそ、現在の原発震災の現場である。

四国電力伊方原発では、住民が設置許可の取り消しを求めて行政訴訟を起こし、国の安全審査の妥当性に疑問を投げかけた。七八年に原告敗訴の判決が出るまで、愛媛県域放送と四国圏内放送で繰り返しとりあげている。住民は敗訴判決を「辛酸亦入佳境」の垂れ幕で示した。「辛酸、佳境に入る」は、足尾銅山による渡良瀬川の鉱毒問題を終生告発してやまなかった田中正造の言葉である。

七八年四月二五日、行政訴訟敗訴の結果と同時期に発生した冷却水漏れ事故の二つを合わせた番組が放送されている。四国電力の担当者は、冷却水漏れは「故障かトラブルであって事故とは思っていない。放射能漏れは非常に少ないので、住民に迷惑をかけることはない」と述べている。相当に皮肉を込めた扱いである。

ちなみに私の「耐震設計」の放送は七七年三月。その前の七六年一二月一五日にはやはり「あすへの記録　原子炉安全テスト」を作っている。「原子炉安全テスト」は緊急炉心冷却装置（ECCS）の技術的信頼性を問うものだった。七四年に、日本初の原子力船「むつ」が実験航海で放射線漏れ事故を起こしていた。原子力が、それまでいわれていたように利益だけをもたらすものではないことが少し見えてきたころで、批判的な番組の登場が可能になった。

また、制作者自身が科学的データをもとに原子力のさまざまな側面を検証するという、政府関連機関からの発表データ頼みではない新しいタイプの科学番組を目指すようになってきたことも大きい。とくに、国内に期待できないので、海外のデータが有用になってきた。

◆——原子力村の隠ぺい体質

一九八〇年代には大型の番組が続々登場する。

七九年のスリーマイルズ島事故に関する番組は、原子力安全が根拠の怪しい神話ではないかと指摘した。続いて、八一年の敦賀原発の放射能漏れ事故の発覚など、次々に明らかになるトラブルや事故に、原子力村の隠ぺい体質が露わになってきた。

八一年七月一〇日からNHKは、NHK特集「原子力　秘められた巨大技術」というシリーズを放送した。①「これが原子力だ」、②「安全はどこまで」、③「どう捨てる放射能」、そのあとに三回の放送の反響を受けた形で④「いま原子力を考える」。当時のNHKの総力を結集した企画であった。

最終回の④は、推進する立場の原子力産業会議の森一久専務理事、批判する立場の大阪大学理学部の久米三四郎講師の二人による白熱の討論で、安全性、核拡散の危険、経済性、将来のエネルギー計画から市民意識の問題まで、原子力に関する問題点をほとんどすべて対象にした。

八六年四月のチェルノブイリ事故を扱った番組は、NHKスペシャルに限っても、今日までに二十数本におよぶ。最初は原発事故そのものがテーマだったが、年月がたつとともに放射能汚染がもたらす継続的な低線量被曝の健康影響が主になってきている。それはそのまま福島の原発震災のいまにつながる。

二〇〇六年四月のNHKスペシャル「汚された大地で〜チェルノブイリ二〇年後の真実」はその代表だろう。ウクライナ政府の調査では、事故処理作業員のがん発生率が一般人の三倍とした。だが、IAEAは被曝とがん発生の因果関係は否定している。いまも両者の見解は大きく分かれている。

また、ベラルーシ政府は汚染地帯の農業再開を認めた。財政負担に耐えられなくなったのが理由という。そして、五〇〇万人の被曝者に何が起きるかはこれからと締めくくる。事故から二五年たったチェルノブイリは、国内にフクシマという同様の事情があることでいっそう身近な存在になった。これからも取材対象である。

一九九〇年代から現在までのリストを見ると、原子力関連番組は目白押し状態だ。高速増殖炉「もんじゅ」のナトリウム漏れ事故、ＪＣＯの臨界事故、核燃料サイクルの破綻、プルトニウム利用計画の行き詰まり、海外諸国の原発離れ、原発老朽化、その結果としての廃炉、相次ぐ事故のたびに明らかになる隠ぺい、過小評価体質と推進体制への不信など、次々に大きな事故、事件が核分裂の連鎖反応のように起きたこともあって、いずれも大型番組でとりあげている。

ここまではＮＨＫ番組をみてきたが、地方の民放局が制作した番組にも本質を突く鋭い指摘がなされた作品が少なくない。スポンサーの圧力のなかで、制作者のがんばりが見られる。そのことは忘れてはならないと思う。

◆──アクセルとブレーキが一体になったクルマ

原子力村の一員として原子力推進にメディアが果たした役割は大きい。だが、一方では、ジャーナリズム本来の批判的立場からの報告を行なってきた。原子力推進の本質的な欠陥を突く番組も決して少ないとはいえない。問題は原子力推進の方針に対して、結果としてはほとんど影響を与えることなく無力だったことだ。

巨大地震の巣の上にある国にもかかわらず、海岸線に廃炉となる福島の四基と合わせて五四基もの原子炉が並ぶ現実。無力の証明である。原子力村の一員として、発表ニュースに依存することが多いということだけでは説明できない、このメディアの無力。なぜだろうか。

簡単にいえば、原子力村が、世論や社会の動向との関係が希薄で、別世界の存在だったからであろう。原子力村にとって、批判は他人事でしかない。カエルの面になんとかなのである。代表的な事例の一つは、原子力推進と規制を一体化した制度である。アクセルとブレーキが一体になったクルマに乗る勇気のある人はまずいないだろう。ところが原子力村にはそんなヘンなクルマがある。

日本は、「原子力の安全に関する国際条約」の締約国である。一九九四年に採択、九五年には国会で承認、九六年に発効した条約だ。その第八条には、原子力の「規制機関」を設立あるいは指定し、任務を遂行するための権限、財源、人的資源を与えること、原子力の「推進機関」と分離することとある。

推進と規制を分離し、独立の権限をもたせる。条約の締約国でありながら一五年以上、外圧に弱いこの国のことだから条約を守るかと思いきや、完全に無視したまま今日に至った。原子力村の三点セット、「金、ポスト、便宜」に基づく村人の団結力がもたらしたものだ。

一九七三年、経済産業省の下に「推進」を仕事とする資源エネルギー庁が設立された。二〇一年に、同じ経済産業省の傘下に「規制」が仕事の原子力安全・保安院が設立された。旧鉱山保安監督部を原発の事故防止と事故時の対応の、「規制」を担当する部署にしたのである。

一方、保安院の「規制」の妥当性を審査する原子力安全委員会は、同じころに旧科学技術庁から内閣府に原子力委員会とともに移行した。原子力委員会と原子力安全委員会は、原子力の専門家としてそれぞれに「推進」と「規制」の内容を審査し内閣を補佐する。

基本的に推進する立場の経済産業省の下に、「推進」と「規制」の相反する役割を担う部門があり、内閣府にも、「推進」と「規制」を担当する委員会がある。これらの関係者はほとんどみな原子力村のペンタゴンの「官」と「学」に属する村人たちで、人事異動にも特別に配慮する。いや、配慮をしない、というべきかもしれない。

エネルギー庁、保安院、原子力委員会と原子力安全委員会の事務局のあいだで、原子力行政を円滑に行なうためだそうだが、この人的交流という名の人材のたらいまわしは異常である。新たに原子力規制委員会が登場することになっているが、容《い》れ物は変わっても中身は同じになりかねない。

◆――重大な未来のエネルギー源選択

こうして原子力行政は、ブレーキすらないアクセルだけのクルマになってしまった。村人には、それを不自然と感じる神経が欠けている。原子力村の常識は世間の非常識。原子力村は異常を異常と感じない別世界なのである。

だからこそ、原子力村は三点セットがある限り永遠に不滅なのだ。今回の原発震災のように、被災地の人びとが想像を絶する苦難に遭うことになろうとも、村の原理原則である「掟」は生きている。すでに息をひそめて神妙だった原子力村のゾンビたちが蠢《うごめ》きだしている。ゾンビは呪術で生き返る。他人の痛みを感じる神経などもちあわせない。そして、「原子力はこれからも基幹エネルギーであることに変わりはない」と主張し、「推進」の復活に躍起になっている。原発再稼働はその一歩である。

エネルギー源は経済社会の基盤である。この国の未来の、そのあり方に密接に関係してくる。原子力のような大規模集中型エネルギー源に依存するのか、再生可能エネルギー源のような小規模分散型エネルギーで生きるのか。それによって社会構造も違ってくる。一極集中型か地方分権型か。日本の未来は目標とする社会のかたちによって大きく異なる。

しかし、このような重大な未来の選択について、私たちはかつて意思を問われたことがあったろうか。エネルギー源の選択に関して、投票などの意思表示をしたことがあったろうか。原子力村は、村外向けの広報宣伝や教育カリキュラムの作成と徹底に、莫大な資金を投じてきた。リスク・コミュニケーションの充実という名の一方的な洗脳である。目的は原子力村の利害関係者が意思決定をし、村外の民がその決定に異議申し立てをせずに従うようにすることにある。

民主主義社会であるならば、エネルギー源の選択について国民の合意を得ることが基本的条件である。原子力村による「推進」には、もともとそのマインドが欠けている。

国民の側《がわ》にも問題はある。「長いものには巻かれろ」という文化がある。「批判は批判。現実は現実」という現実容認の根強い諦観があり、資源のない日本には原子力の選択肢しかないと割り切ってきた。

脱・原子力村は、民主主義社会の原点に立ち返る意味でも重要なのだ。

もう一つ、原子力村が大きな影響を及ぼしてきたことがある。

今回の原発震災までは、三点セットの恩恵を受け推進に邁進している原子力村は、他の分野の村に所属し他の計画を推進したいと望む村人には、一見成功しているように見え、原子力村の「官、政、業、学、報」の構成するペンタゴン構造は、ほかの分野の村でも計画推進の手本となってきたことである。

たとえば、スーパーコンピュータ、遺伝子組み換え作物、再生医療、医薬品の開発、宇宙開発、ナノテクノロジー、環境技術……。科学技術の分野に限らない。そもそも計画を推進しようとするなら、ペンタゴン構造を作る。「官、政、業、学、報」を構成メンバーとし、接着剤となる三点セットの充実を目指す。そうすれば、長期的な評価はともかく短期的には成功が保証される。

こうして、程度の差こそあれ、原子力村と似た体質の村ができてきた。国民の合意や世論を考慮しないですませる体制である。原子力村に限らず、どの村も村人にとってはこのうえなく効率的なシステムなのである。

◆――脱・発表ジャーナリズムへ

計画推進には、ＥＬＳＩを無視してならないという。ＥＬＳＩとは、倫理的、法律的、社会的問題という意味である。欧米先進国では、計画推進にあたってはＥＬＳＩの側面を考慮するために予算の五％程度をあてるのが普通になっているが、日本ではＥＬＳＩが話題に上ることはあっても、実行はしない。「ＥＬＳＩのために計画本体推進の費用が削られる」と、どの村でも村人の抵抗が大きい。それは村外の合意形成が重要ではない村の体制で計画推進ができるという、自信と保障があるからといえよう。

それでも情報化が進むとともに、村内の非常識が発覚、村外に漏れることがある。当然、村外から批判の声があがる。批判をかわすために、コンプライアンスが強調される。法令遵守という意味だ。

「コンプライアンス」が流行《はや》っている。だが、法令遵守はあたり前のことではないか。いまさら強調されること自体がおかしい。ところが、村内では少し別の意味合いをもつようになる。自己規制の徹底だ。村の利益を守るために、村外から批判されないことを最も優先する。そのための自己規制が過ぎて不都合が生じるときがある。

たまに発覚するが、人命救助よりコンプライアンスを優先したというような幼稚な「事件」がそれだ。村外からの批判を避けるという判断を優先した結果の、奇怪な事態といえる。この種のニュースがしばしば登場するのは、日本全体に村構造が広くいきわたっているためである。合意によって未来を選択するのが民主主義社会である。ふるさとの村は永遠に不滅であってほしいが、世のなかの合意形成を無視する原子力村や類似の村が不滅では困る。いま必要なのは、未来に向けての「脱・原子力村」への意思と決断と行動である。

もちろん、この「脱・原子力村」は、ジャーナリズムの世界も例外ではない。私は、その核心は「脱・発表ジャーナリズム」にあると考える。

そこで最後に、自戒をも込めて、「脱・発表ジャーナリズム」を目指すジャーナリストとして銘すべき五箇条の私見を書きとめておきたい。

一．ニュースは、「発表」ではなく「現場」にある。

テレビ、新聞を問わず発表ニュースであふれている。発表されたことを伝えるのは客観報道主義でもなんでもない。ただの広報である。関係者のリークや非公式の見解も発表の変型である。発表を伝えたことで仕事をした気になってはいけない。発表を疑い、現場と照らし合わせて確認する必要がある。

二．「発表→反響→発表…」のスパイラルに注意、スタンピードに加担しない。

スタンピードとは家畜がいっせいに同じ行動をとることをいう。発表をもとに煽《あお》りたて、パニックをつくっては、また煽る。賞味期限が切れるまで、おいしい仕事にありつける。疑似正義感で、レミングの大行進をもたらすような罠《わな》に陥ってはならない。その点でも「現場」で見聞することは大切である。

三．「調査ジャーナリズム」を目指し「仮説の検証」のスパイラルを築く。

ジャーナリストには、得意な領域、分野が不可欠である。一分野を極めれば、その基本的な「文法」はほかの分野でも応用できる。そして、「仮説（企画）↓検証（取材）↓公表（番組、記事）↓評価（反応）↓仮説……」のスパイラルを築く。

四．「村外の目」を養うために双方向のコミュニケーションに努める。

上記の項目は、多様な人びととの双方向のコミュニケーションを通じて養われる。

五．「苦楽しい」のが仕事と考える。

ジャーナリストは労を惜しんではならない。自分に重荷を背負わせる気持ちも必要だ、その気持ちが「現場」に向かわせる。苦しい仕事をすることに楽しさを感じる。あえて「苦楽しい」選択をするのがジャーナリストの仕事と考えたい。

■参考文献

『原子力は必要か？　アメリカの原子力危険論争』大場英樹、小出五郎共著（技術と人間／一九七六年）
「原子力50年・テレビは何を伝えて来たか―アーカイブスを利用した内容分析―」七沢潔著（『NHK放送文化研究所年報No.52』NHK放送文化研究所／二〇〇八年）
「『原発推進議員』に問う」（『AERA』朝日新聞出版／二〇一一年四月二五日号）
「経産省『電力閥』と保安院」（『AERA』朝日新聞出版／二〇一一年四月二五日号）
「『原発死守』のシナリオ」（『AERA』朝日新聞出版／二〇一一年五月三〇日号）
「原発を推進した『御用学者』たち」成澤宗男著（『週刊金曜日』金曜日／二〇一一年四月二九日号）
『福島原発人災記　安全神話を騙った人びと』川村湊著（現代書館／二〇一一年）
テレビ番組「NHKアーカイブス　原子力シリーズ」
①秘められた巨大技術（二〇一一年一一月六日放送）
②原発をめぐる白熱の議論（二〇一一年一一月二〇日放送）
③チェルノブイリの教訓（二〇一一年一一月二三日放送）
④地球核汚染・被爆国日本の視点（二〇一一年一二月一〇日放送）
『福島原発事故独立検証委員会　調査・検証報告書』福島原発事故独立検証委員会著（日本再建イニシアティブ／二〇一二年二月二八日）

第四章

チェルノブイリ原発事故から学んだこと

室山哲也

❖むろやま・てつや――一九五三年、岡山県生まれ。NHK解説委員、日本科学技術ジャーナリスト会議理事、日本宇宙少年団理事。一九七六年、NHK入局。科学番組のディレクター、プロデューサーを経てNHK解説主幹となる。担当番組に「終わりなき人体汚染〜チェルノブイリ事故から一〇年」「シリーズ阪神大震災・その死を無駄にしない」他多数。科学技術、生命・脳科学、環境、宇宙工学等を中心に論説を行ない、子どもの科学教育にも尽力。モンテカルロ国際映像祭金獅子賞、銀獅子賞、レーニエ三世賞、放送文化基金賞、上海国際映像祭撮影賞、科学技術映像祭科学技術長官賞、橋田壽賀子賞他多くの賞を受賞。

◆──涙でかすんだ空から見た四号炉

ロケをしていて、そのシーンが脳裏に焼きつき、忘れられないことがある。そのうちの一つが上空から見たチェルノブイリ原発事故後の四号炉の光景だ。事故から三年後、私は西側クルーで初めて、軍のヘリコプターからチェルノブイリ原発四号炉を撮影した。見渡す限りの豊かな自然。ところどころに湖や、青く光りながらうねる川も見える。しかし原発に近づくにつれ、緑は減り、人間が掘り返した土地が増え、赤茶けた感じになってくる。

四号炉周辺は、櫛《くし》でひっかいたようにむきだしの土地が広がり、忙しく除染作業にあたるトラックや重機が見える。その中心に、黒鉛色の四号炉の石棺がある。まるで四号炉が波紋の中心にあり、そこに石を落としたように、周囲に不幸の波紋が広がったような風景。その悲劇の中心に人間がいることを証明するような風景。それを見つめて私は、わけもなく悲しい気持ちになり、涙があふれ、止まらなくなった。

「ついにやってしまった」。人間の所業を感じ、怒りやおそれではない虚無的な気分だった。涙の向こうに、四号炉がゆらゆらと揺れて見えた。あのとき見た水中に没したようなチェルノブイリ原発四号炉の姿は、そのまま私の心象風景になり、脳の奥深くに刻みつけられたように思う。

◆――ホデムチューク夫人との出会い

いまから二二年前の春、私はＮＨＫスペシャル「汚染地帯で何が起きているか～チェルノブイリ事故から四年」という番組制作のため、チェルノブイリの汚染地帯の長期ロケをしていた。状況は混乱し、情報は不確定で、いったい汚染地帯で何が起きているのかがさっぱりわからず、疲労困憊のロケが続いていた。「取材チーム」といっても、予算は少なく、ＮＨＫでは、ディレクターの私と、嶋田俊明カメラマンだけ。それに同行をお願いした、放射線科学のエキスパート元理化学研究所の岡野眞治博士と、測定担当の浜松フォトニクスの小池清司さんの四人。チェルノブイリ原発事故という怪物と戦うには、あまりにも貧弱な陣容だった。

ある夜、私たち取材チームは、うまくいかない取材に疲れ果て、ウクライナのキエフの食堂で、夕食をとり、ウオッカで疲れをいやしていた。薄暗がりの洞窟《どうくつ》のような店内のあちこちから笑い声やざわめきが聞こえ、奥のほうで婦人会の会合のようなこともやっている。たばこの煙が充満する、一見どこにでもある普通の酒場。ここがチェルノブイリ原発事故に揺れる最も近い都市キエフだということを忘れてしまいそうな夜だった。

ウオッカでほろ酔いになり、キャベツの酢の物を口に入れていた私に、ある中年の夫人が近づいてきた。

「あなたたちは日本人ですか?」

「そうですが……」

怪訝《けげん》そうに振り向いた私に、夫人は続けて話しかけてきた。

「通訳の人に日本の放送局の人だと聞きました。じつは明日、私は亡くなった主人の墓参りに行くのです」

「ああ、そうですか。ご主人が亡くなられたのですか」

「一緒に行きませんか?」

私はこの不思議な夫人に少し警戒感をもち、おそるおそる会話をしていたのだが、話が進むにつれて、ただならぬことだと感じ始めた。

「ご主人のお名前は?」

「ホデムチュークといいます」

ホデムチューク……どこかで聞いた名前だと記憶を探って驚いた。チェルノブイリ事故の消火にあたり、炉心付近で被曝し、亡くなった人と同姓だからだ。

「あのチェルノブイリのホデムチュークさん?」

「そうです」

私たちはすっかり酔いから醒《さ》め、姿勢を正して話に聞き入った。

ホデムチューク消防士は、チェルノブイリ事故の収束作業で死亡したが、遺体そのものが強い放射線を出す状況となり搬出できず、事故収束のため四号炉を膨大な量の鉛で埋めるとき、一緒に埋められてしまった悲劇の人物である。つまり、四号炉はホデムチュークさんのお墓でもあるわけだ。

ホデムチューク夫人は事故直後から、なんとか四号炉のなかに入り、ご主人の供養をしたいと政府に申し出てきたが、却下され続け、事故後四年目、やっと許されたらしい。その墓参りを明日やる。一緒に行かないかと申し出てきたのだ。

私と嶋田カメラマンはすっかり酔いが醒めたお互いの顔を見つめあい、どうしようかと相談した。しかし相談したところで結論は出ない。四号炉のなかに入れるという期待感と、放射線への恐怖が交錯し、岡野博士に相談した。博士は、うーむと考え込んだのち、「どうせ進入ルートは除染も行なわれているだろうし、行きましょうよ」とあっさり答えた。「ただし、なかにいる時間は二〇分を限度としましょう」。何やら計算したのち、博士はそう答えた。

事故から四年たつとはいえ、外国の取材チームが四号炉のなかに入ったニュースは聞いたことがない。放射線は怖いが、私たちのジャーナリスト魂に火がついて、ロケを敢行することに決めた。

◆——放射線という悪魔と戦った男たち

当日、入り口で炉に入るための防護服に着がえ、案内してくれる人とともに、四号炉内部に入った。なかはやや薄暗い照明で、物音一つしない。私たちは数百メートルほど、曲がりくねった通路を、右に行き、左に折れしながら入っていった。まず、ホデムチューク夫人と、私と嶋田カメラマンが進み、少し遅れて、岡野先生と小池さんが続いた。

極度の緊張。進入する途中でいろいろな鉄製のドアが見えるが、案内の人は「絶対開けるな」と、強い声で警告した。まだ強烈な放射線が出ている場所があるらしい。コントロールームに入ると、事故で混乱したときの状況がそのまま残った、異様な風景が広がっていた。コントロールパネルのボタンは吹き飛んだように多くがなくなっており、巨大なビニールシートがあちこちに張られている。壁にはマジックで殴り書きされた数字やロシア語が見える。

さらに奥に入る。内部につながる通路を、バラの花束を抱いたホデムチューク夫人とともに突き進んだ。防護服は暑く、しだいに汗が噴きだしてくる。カメラをまわし続けながら、私たちは、夫人の顔が悲しみに歪んでいくのがわかった。行き止まりには鉛色の壁があり、ホデムチューク消防士をたたえる彫り物と文字があった。その向こうに鉛とともに埋められた遺体があるということだった。夫人はバラの花束を壁のそばに置き、泣き崩れた。

私はカメラのそばでストップウオッチを見ながら、時間をカウントし、「二〇分経過！」と告げていた。嶋田カメラマンは、「もうちょっと！　もうちょっと！」といいながらカメラをまわし続けていたが、私は彼の背中を引きずるように撤退した。結局滞在時間は、三〇分間と予定を上まわってしまったが、この経験は、いまでも私の脳裏に鮮やかに残っている。色もなければにおいもしない、放射線という悪魔と戦った男たちの魂が、炉の内部のここそこに漂い、

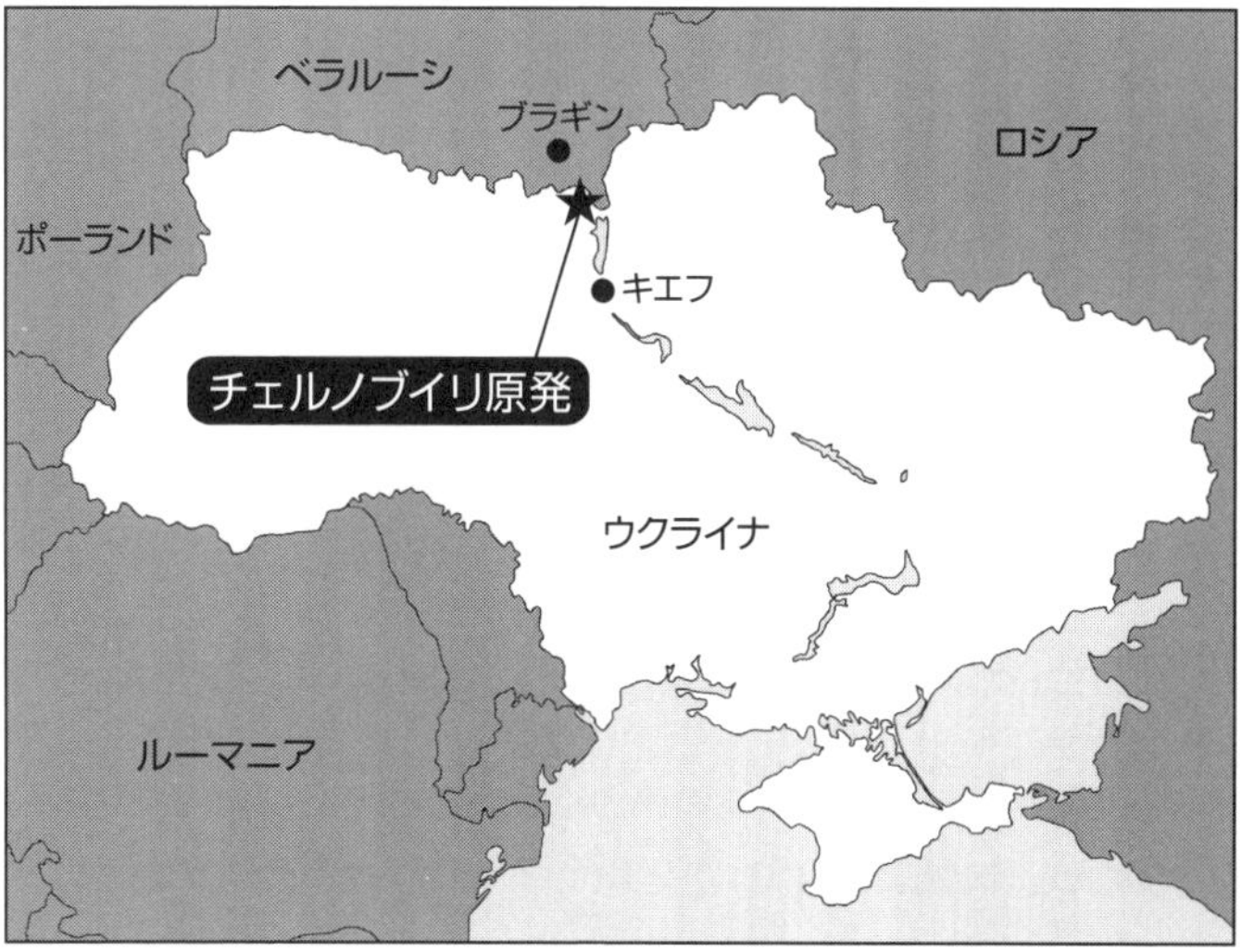

私たちに語りかけてくるような不思議な感覚も覚えた。

じつは、一つ告白しなければならないことがある。私はチェルノブイリ原発事故の大型特集番組に、事故直後、二年目、三年目、四年目、一〇年目と計五回かかわったが、チェルノブイリのような原発事故は日本では起きないだろうと思っていた。そもそもチェルノブイリにある黒鉛炉は、日本の軽水炉に比べてメカニズムが大きく異なる。それに比べて、日本の軽水炉は安全設計が充実しており事故そのものが起きない仕組みになっている（と説明されていた）。

万一事故が起きたとしても、日本では、情報を隠したり操作するようなことはなく、効率的合理的に処理し、影響の拡大を最小限に抑えるだろう。なぜなら、ソ連は秘密主義が横行する腐敗した社会主義国。日本は先進的な資本主義国。しかも日本には世界に冠たる技術力がある。チェルノブイリとはまったく違う状況――そう思っていた。

しかし現実に、福島第一原発事故が起き、それは単なる幻想、思い込みだったことがわかった。私は、福島第一原発から立ちのぼる水素爆発の煙を見て、身が凍りつく思いをしたが、その映像は、遠い外国のものではなく、間違いなく日本で起きたものなのだ。

チェルノブイリ事故を取材したジャーナリストの多くも、どこかしら、私と同じような印象をもっていたのではないかと、最近想像することが多い。

◆――依然としてわからない人体への影響

「日本ではこのようなことは起きない」という原発安全神話。そして、共同幻想。結果的にそれを痛感したわれわれマスコミは、今回の事故に対し責任の一端を担っている立場にあるといえる。

福島第一原発の事故後、混乱し、対応に窮する政府、東京電力の様子を見て、私はいつか見た光景と似た、デジャブのようなものを感じた。チェルノブイリ事故から二五年。いったい私たちは、いままで何を学んできたのだろうか。福島でその教訓がどれだけ生かされていたのだろうか。思えば思うほど、ある種の焦りと虚脱感が私を襲ってくる。

放射線は人体にどのような影響を与えるのか？　結論からいって、わからないことがたいへん多い。しかし、ヒロシマ、ナガサキ、チェルノブイリなどの研究で、ある程度まではわかってきた。そのポイントをまとめてみよう。

放射線の人体への影響は、よく一〇〇ミリシーベルト（年間）という数字を境に説明される。一〇〇ミリシーベルト以上の被曝があった場合、人体への影響が出る可能性が出てくる。数値が増えるにしたがってリンパ球の減少が起き、一〇〇〇ミリシーベルトで吐き気、数千ミリシーベルトで死に至るプロセスがあるといわれている。

チェルノブイリでも、これらの高線量被曝については、消防士の死亡やがんなどが実際に確認されている。問題は、一〇〇ミリシーベルト以下の、いわゆる「低線量被曝」といわれるゾーンだ。結論からいうと、影響についてはよくわからない。もしあったとしても、たとえばがんの発生など、ほかの要因によるものとまぎれてしまい、特定できないという。そこで、一〇〇ミリシーベルト以上で起きることを敷衍《ふえん》して、低線量被曝でも同じようなことが起きているという「仮説」を立てることになった。

一般に毒物などで、安全基準値を決めるときは、急激に毒性が高まるポイント（しきい値）を参考にして基準値を決める。しかし放射線の場合はそのしきい値がない。一〇〇ミリシーベルト以上でわかったことを低線量被曝に適用して考える仮説（直線仮説）のため、どこにも急激に毒性が高まる部分がなく、一定の比率で直線的に〇に近づいていく。しきい値がないので、基準値を設定する部分はいくらでもあることになる。

◆──放射性物質(放射性ヨウ素)との因果関係

低線量被曝でよく心配されるのは、がんになる確率だが、直線仮説でいうと、一〇〇ミリシーベルト被曝で〇・五%増加、一〇ミリシーベルトで〇・〇〇五%増加と、〇に向かって一律に数値が下がっていく。逆にいうと、がんになる可能性は常にあり、がんを減らすためには、果てしなく被曝を〇に近づける努力が必要ということになる。

しかし、この計算はあくまで仮説に基づくもので、ほんとうにそうかどうかはわからない。しかも一般にいわれるように、日本人の半数ががんにかかることを思うと、一〇〇ミリシーベルト以下のがん増加率をどの程度深刻に受けとめればいいのか、正直迷ってくる。

放射線の影響をめぐる混乱は、基本的にはこの「わからなさ」からきているといってもよい。また被曝には外から被曝する「外部被曝」と、水や食物を通じて体内に取り込まれ、体の内側から被曝する「内部被曝」があるが、後者についてもよくわかっていない。いままで内部被曝ではっきりと確認されていることは、放射性ヨウ素が子どもの甲状腺がんを引き起こす場合があるということだけだ。

チェルノブイリでは、政府の対応が遅く、住民への事故の情報公開が大幅に遅れ、大量の放射性ヨウ素が、牛乳や食物を通じて人体に入ったため、子どもに甲状腺がんが発生した。事故二〇年後、おとなでも甲状腺がんの増加があるとの報告が出たが、おとなの甲状腺がんは多く、どれが放射線によるものかの特定が難しい。子どもの甲状腺がんはもともと珍しく、放射線による影響がきわだつため、放出された放射性物質（放射性ヨウ素）との因果関係が認められたわけだ。

原発事故で、よく問題になる放射性物質には、このほかにも放射性セシウムや、ストロンチウム、プルトニウムなどがあるが、福島の場合、いまのところおもに問題になっているのは、放射性ヨウ素以外は、放射性セシウムだ。放射線セシウム（セシウム一三七）は半減期が三〇年と長く、環境にとどまるため、内部被曝による影響も心配されている。

◆――人間の手を離れると制御不能に

いろいろとくどくど書いてきたが、このように放射線と人体との関係はよくわかっていない。いま私たちが問われているのは、この「わからなさ」、あいまいなリスクに、どう向き合い、行動すればいいのかということではないだろうか。それは難しい問題である。たとえば、社会を運用するには法律や基準が必要だが、放射線と人体への影響については、科学的に不明な部分が多いため、社会的ルールとして成立させることができにくいからだ。

福島市などの小学校で起きた放射線基準をめぐる混乱も、その文脈に乗っている。日本が、仮に全体主義的な国で、国家が定めた安全基準や避難基準に国民が異議を唱えても、強権で押さえつけることができるのならばそれでもいいだろう。しかし、日本のような民主主義国では、国民には、自由に基準の根拠を国に問い、批判できる権利がある。その際、科学的合理的に説明がつけば、論争はやがて収束するが、科学的に説明しきれないときは、論争が果てしなく続く。科学的あいまいさを乗り越えて、議論によって社会合意を形成する能力があればなんとかなるかもしれないが、実際には、それはなかなか難しい。

日本でのいままでのなりゆきを見ていると、われわれの能力はまだ成熟していないのではないかと思う。福島から来た人を食堂に入れないとか、子ども同志で差別が出るとかいう、いわゆる風評被害を見ても、私たちの社会が、放射能と共存するしなやかさやしたたかさを、じゅうぶんにもっていないことがわかる。

さらに事態を複雑にさせる要素がある。それは放射能がいったん自然環境に放出されたときの、予測のしにくさだ。チェルノブイリのときもそうだったが、原発事故直後は、放射性物質の放出量や風向きなどがわからないため、緊急避難的に一定の円を描き（たとえば半径三〇キロ）、内側の住民を避難させたりする。しかしこの円は、当然のことながら、その後判明する放射能汚染状況とは一致しない。

原発から放出された放射性物質は、風に乗って移動するため、ひんぱんに方向を変える。また、放射性物質が放出されたときの温度によって放射性物質が移動していく高度も変わる（チェルノブイリのような爆発を伴う場合は高度が高く、福島のような場合は低空を移動する）。

そして、放射性物質は雲状になって移動し、地形やその他の自然環境で、落下や拡大の仕方に変化が出る。

山肌に落下したり、高い山にくいとめられて迂回《うかい》したり、雨によって落ちたりする。その結果、放射能汚染地図は、同心円とは異なる複雑な形となる。さらに、地上に落下したあとも、水に乗って移動したり、一か所に集まったり、地下水に浸透して遠くの水系に影響を与えたりする。この放射能の汚染地図を正しく把握し行動につなげないと、住民の混乱につながることになる。

このような状況を見ると、放射性物質はうまく管理すれば有益な物質だが、原発事故のようにいったん人間の手を離れ環境に放出されると、非常にコントロールしにくく、混乱を引き起こす要素を多くもっていることがわかる。

原発事故から離れても、放射性廃棄物の処理をめぐっては、もともと大きな問題が残っている。「トイレなきマンション」などと揶揄《やゆ》されてきたが、高レベルの核廃棄物は、結局のところ深い地中などに長期間保管せざるを得ない。しかし何万年も保管するとき、そこに危険な放射性物質があることを、どのようにして未来の人類に伝えるのかという問題も残る。

◆――忘れられないサハロフ博士の一言

さて、チェルノブイリ事故の取材を通じて私は、さまざまな人に出会った。まず思い浮かぶのは、ノーベル平和賞を受賞した反体制物理学者アンドレイ・サハロフ博士だ。博士は、ソ連で原爆、水爆研究をしたのち、人権活動、アフガン侵攻批判など反体制に転じ、流刑処分されたが、自らの主義を一生かけて貫いた反骨の人だった。

私は、NHK広島放送局に三年間勤務したことがあるが、一九八八年に、大江健三郎さんとサハロフ博士の対談番組を担当した。対談は、原爆ドームが見える大きな窓のある一室で行なわれたが、収録の合い間に、たまたまサハロフ博士と二人きりになれ、三〇分ほど、当時進行中のチェルノブイリ事故の状況を尋ねることができた。

博士はとても優しく真摯な方で、微にいり細にいり教えてくださった。話の流れで、私の父親と原爆の不思議な関係（原爆投下時、広島駅に到着した列車に乗るはずが、たまたま乗らずに助かり、乗っていた友人は死んでしまった話）に話題がさしかかったとき、「あなたはチェルノブイリに行くべきだ」と熱心にすすめてくださった。当時のチェルノブイリに関する情報は、玉石混交で、真偽がわからず、マスコミも混乱した状況で、サハロフ博士の助言はおおいに参考になった。

私は「チェルノブイリに行こう」と心を決めた。博士がそのときしゃべっていた「広島原爆の経験は、チェルノブイリの住民の心につながっており、取材を通じて、お互いがなんらかの共通項を発見したり、学びあえるだろう」という言葉は、その後私を大きく支えてくれた。残念ながら博士は、対談を終えて帰国したのち、突然亡くなった。私は二度とサハロフ先生の助

1986〜2002 年までに診断された

甲状腺がんの症例数（国と年齢別）

被曝時の年齢（歳）	症例数			
	ベラルーシ※1	ロシア連邦※2	ウクライナ※3	計
0〜14	1,711	349	1,762	3,822
15〜17	299	134	582	1,015
計	2,010	483	2,344	4,837

※1 ベラルーシのがん登録 2006　※2 ロシアの国家医療および放射線量登録のがん登録 2006（最も汚染された4地域）　※3 ウクライナのがん登録 2006

〔出所〕WHO report on Health Effects of the Chernobyl Accident and Special Health Care Programmes(2006)

言を得ることはできなくなったが、チェルノブイリ取材で悩むとき、サハロフ先生の助言がよみがえり、私を導いてくれたことに感謝している。

広島でお会いしたとき、サハロフ先生のそばで、静かに微笑んでいた奥様のエレーナ・ボンネルさんは、二三年後の昨年、八十八歳の生涯を閉じられた。お二人はともに人権活動に人生をささげた同志だが、いまは仲良くモスクワの墓地に眠っている。ご冥福を心からお祈りしたい。

（追記）

サハロフ先生と初めて話を交わしたのは、広島のあるビルのトイレのなか。男性用便器の前での立ち話だった。私は「日本にはツレションという言葉があり、男同志が仲良くなる儀式のようなものだ」と説明したら、博士は楽しそうに話をはじめ、三〇分もの時間を割いてくれた。

サハロフ先生とはじつは死後もう一度お会いした。私がＮＨＫスペシャル「驚異の小宇宙人体２　脳と心」の取材をするためにモスクワを訪れたときのこと。モスクワの脳研究所に天才たちの脳が保存されており、なんとサハロフ先生の脳も並んでいた。研究者の促しで、サハロフ先生の脳のサンプルを手にしたが、感無量で、不思議な再会に涙が流れたことを覚えている。

◆――汚染地帯の村の地鳥卵とキノコの歓迎会

チェルノブイリ汚染地帯の取材は、通算数回、のべ半年ほどにおよぶ。高濃度汚染地帯で宿をとったり、車のなかで寝たりしたこともある。当時のソ連は、経済破綻しており、都市でもなかなか日用品や食べ物が手に入らない。夜の食事でも午前中にアポをとらなければレストランで食事にありつけない。ましてや汚染地帯の町や村での食事はたいへんで、日本から持ち込んだインスタントラーメンがごちそうだった。

そんななか、取材先の村で私たち取材班の歓迎会をやってくれることになった。行ってみると村民が集まり、テーブル上にごちそうがずらりと並んでいる。ロシア風の揚げ物や、サラダ、卵料理、肉のようなものまで並んでいた。テーブルの中央に座っている村長さんがウオッカで乾杯の音頭をとったのち、あいさつした。

「きょうは日本から大切な客人が来た。村を挙げてもてなしたい。土地の伝統料理。堪能していただきたい！」

両手を大きく広げ、ロシア風の少し大げさなアクションで、めしあがれと促した。

「ありがとうございます！　とてもおいしそうですね」とうれしい気持ちを表現したが、私たちは少したためらっていた。その村が、放射能汚染地帯の一つだったからだ。

取材で歓迎の意を伝えられ、招待されたのはありがたいが、正直いって困惑していた。しかもよく見ると、テーブルに並んでいる地鶏の卵やキノコは、放射能が濃縮されやすい、危険な食材ではないか。

しかし少し時間がたち、ウオッカがまわってきたこともあり、もういいやとばかり食事に手をつけた。食べてみるとどれも美味で、素晴らしい料理だった。地鶏の卵もキノコのサラダもうまかった。村長はそんな私たちの姿をしばらく見て、おもむろに口を開いた。

「室山さん。きょうの食材は除染された土地のものばかりです。心配ないよ」

食事が始まっていまごろいっても遅すぎるぞと思ったが、その後考えてみると、村長さんは、私たちが信頼できる人間かどうかを試していたのかもしれない。それが証拠に、食事に手をつけたのち、いろいろな資料が次々に出てきて、チェルノブイリ事故の裏側や汚染地帯の現状を詳しく教えてくれた。秘密文書のようなものもあり、特ダネに「やったぞ」と思ったが、複雑な気持ちになった。自分も損得で動く、少し汚いジャーナリストだと、心のなかに苦い味が広がっていった。

◆――予測不能の気流に乗った放射性物質

　私は、初めて汚染地帯に立ったときの気持ちを忘れることができない。とくに、チェルノブイリ原発から三〇キロの、住民がすべて避難した「ゾーン」のなかは、うっとりするほど美しい風景が広がっていた。透明な空気、青い湖、川、草原地帯、青空をゆっくりと飛ぶコウノトリ、鮮やかな麦畑をうねらせながら通りすぎていく風。まるで童話の世界を絵にしたようだった。しかし一つだけ普通と違っていた。住民だけがいないのだ。

　汚染勧告で全員が避難したため、生活の様子を残したまま、人間だけがすっぽりと消えている。不気味なほどの静寂。遠くに事故を起こした四号炉がシルエットで見える。「色もなければにおいもしない」放射能汚染の現場……。風景が美しければ美しいほど、それに比例して、五感ではわからない放射能汚染が、恐怖感を増幅させた。

　汚染地帯で、問題が深刻化したのは、事故から四年目だった。事故直後、原発から周囲三〇キロ以内は立ち入り禁止ゾーンとして無人化したが、ゾーンの外は放射能汚染が報告されず、立ち退きの必要がないエリアとされていた。しかし、事故の四年後、チェルノブイリ原発から放出された放射性物質が、予測不能の気流に乗り、「ゾーン」をはるかに越えた北方のベラルーシ共和国に、大量に降り注いでいたことが分かった。

　ところどころに、「ホットスポット」（超高濃度汚染地域）ができており、住民は大パニックになった。「水」が集まる場所は穀倉地帯であり、結果的に自然の恵みのメカニズムが裏目となった。公表されていた放射能汚染地図も、根本的に書き換えなければならない最悪の事態となった。

私たちは、やがて、そのベラルーシにカメラを入れた。ベラルーシの村々の畑には、黄金色に実った麦が、汚染のため収穫されないまま放置されていた。すでに住民避難が始まっており、歯が抜けるように住民が減り始めていた。避難は赤ちゃんをもつ若い夫婦から始まった。若い人が集まる店がつぶれ、学校が消え、共同体が機能を失いつつあった。

老人と一緒に住む大家族では、若夫婦だけが子どもを連れて逃げた。「老人たちは見知らぬ新しい場所に逃げるより、村に残ることを望んだ」と役場の人は説明したが、実際は、老人とともに新しい人生を始める経済的余裕がなく、「現代の姥捨て山」とでもいえる状況が起きていた。老人たちは、行くあても、生活のすべもないまま放置された。

◆——避難村の村長の言葉

放射能汚染が村人や家族の絆を引き裂き、崩壊させ始めていた。その近くに、住民全員を引き連れて、知人のいる場所へ避難する決意をした小さな村の村長がいた。奇妙なことに、その村は汚染レベルとしては国が定める基準値以下の村だった。

「逃げる必要がないのになぜ避難するのか?」

私の問いに村長は答えた。

「たしかに放射能は遺伝子DNAを傷つけ、人体にダメージを与える。しかし傷つくものがもう一つある。それは心だ。汚染地帯にいると、たとえ汚染レベルが低くても、共同体が壊れ、人の絆がずたずたに切れていく。そこでは体は生きていても、心が死んでしまう。〝心が死ぬ場所〟に、人間が暮らすことはできない」

村長の言葉が私の心に突き刺さった。私のディレクター人生で、忘れられない言葉の一つとなった。

東京に帰って私は考えた。人間が人間として生きていくとはどういうことなのだろうか。科学番組をやっていると、人間を精密な機械として見、物理的ものさしだけで判断をする癖《くせ》がついてくる。健康上安全な場所から「気分だけで」避難する人をまるで愚か者のように感じてくる。

しかし人間には、生物的（物理的）存在としての側面のほかに、社会的、文化的存在としての側面がある。「人はパンのみにて生くるにあらず」。このあたり前のことを私たちはいつの間にか忘れ、無慈悲なシステムをつくりあげてはこなかっただろうか。人間の顕在意識だけを尊重し、その底流にある潜在意識の世界を忘れてはこなかっただろうか。形あるものだけを信じてはいないだろうか。形のないものに内在する価値を忘れ去ってはいないだろうか。

チェルノブイリで私は、被曝には「体の被曝」と「心の被曝」があることを知った。

◆——汚染地帯の原爆の味

ブラギンという高濃度汚染地帯の村にロケで入った。ブラギンは三〇キロゾーン周辺でもとくに汚染が激しい村で、膨大な除染剤がまかれているとはいえ、長居すると危険だった。その日はとくに暑い日で、風も強く、車の外は巻きあがったほこりがすぐに車の窓にたまってしまうほどだった。

お年を召した岡野博士は、汚染地帯のどこにいても泰然自若として、放射線をそんなにおそれなくてもよいと、私たちを静かに諭していたが、その日は違った。なんと草むらに入った途端、ものすごい勢いで逃げだしたのだ。一瞬、先生の「逃げなさい」という小さな声が聞こえたが、気がついたら岡野先生の姿はなかった。

お年寄りで威厳ある科学者が、砂煙をあげながら全力疾走で逃げる後ろ姿は、いま思い出しても身の毛もよだつ光景だ。草むらは、放射能がたまる表面積も大きく、水が集中することではホットスポットになりやすく、かつ除染しにくいため、汚染地帯でも注意が必要な場所だ。しかし、岡野先生の行動で、ほんとうに怖いのだということを身にしみて感じ、以後あまり入らなくなった。

もう一つの体験は、少し不思議な体験。車から降り砂煙のなかで、ロケを始めたとき、突然私の口のなかに、鉛のような金属の味が広がった。乾電池の電極をなめると口がしびれるような味がするが、あれとよく似た感じで、やがて口のなかと舌がしびれ始めた。なんだこれはと思って車に逃げ込むと、同行している通訳の人も同じ現象になっていた。しかしその体験をしたのは、私と二人だけで、ほかのスタッフは何も感じなかったという。

私は当時、広島放送局のディレクターの同僚から「原爆を投下したエノラゲイの乗組員が、投下のあと口のなかで金属の味がしたらしい」という話を聞いていたので、それと関係あるのかと不思議に思った。チェルノブイリの汚染地帯で感じた、あの「奇妙な味」はいったいなんだったのだろうか？

◆──ジャーナリズムは何を伝えていくべきか

それにしても、原発が出す放射性廃棄物を、私たちはどのように処理すればいいのだろうか。いまは西暦（グレゴリオ暦）まだ二〇一二年。この二〇〇〇年で多くの国の体制が変わり、経済構造が変化し、文化も、言葉すら変化した。放射性物質を管理しなければならない。数万年以上の時間スケールは、人類の想像力を超える。たとえば、地下に保管した放射性廃棄物の存在を知らせるためにピラミッドのような構造物を立てたら、未来人は興味本位で掘り返すかもしれないし、何も造らずにいたら、偶然掘り起こすかもしれない。

こうした状況を見ると、膨大な放射性廃棄物を生みだす原発は、「あとはよろしく」という発想で支えられていることがわかる。現代の利益のために「未来を抵当に入れる」無責任な行為ともいえる。福島原発事故という体験をしたいまこそ、人類と原発の関係や、未来に向けたエネルギーの在り方を深く考えるべきときだと、改めて思う。

人類はこれからどんな文明をつくりあげていくべきなのだろうか？　ホモサピエンスは、巨大な脳を持ち、二足歩行し、脳内にイメージを浮かべ、言葉や記号化した情報をいくつもの階層に練りあげ、脳内世界を外在化し、いままでの文明を築いてきた。

「ものを作る」能力をもつため、地球上の資源や素材を使って、自らの安全や快楽を実現するための道具、機械、都市を造り、自らを家畜化して生き延び、地球上の百数十万種の生物たちを席巻し原子力発電に代表される膨大なエネルギーを手に入れた。人類はこの原子力も手中におさめ、さらに自然界をコントロールし「大進化」をとげていくのだろうか？　それとも、いま未曾有の「生存の危機」に直面しているのだろうか？

ジャーナリズムの仕事は、「いまがいつか、ここはどこか、われわれは何者で、どこに向かおうとしているのか」を鳥瞰《かん》し、そのプロセスに現われるさまざまな問題や課題をいち早く伝えることだと思うが、その仕事を私たちはきちんと実践しているだろうか？　表面の現象のみに汲々として、その底部に流れる巨大な流れを見失っていないだろうか？　原発事故の向こうに文明のありようを見ぬいているだろうか？　日本のジャーナリズムの一端に籍を置くものとして、その責任をきちんと果たすための努力を、続けなければならないと、最近痛切に思う。

第五章

海外メディアが暴いたニッポン大本営発表報道

大沼安史

❖おおぬま・やすし――一九四九年、宮城県生まれ。フリージャーナリスト、翻訳家。東北大学法学部卒業後、北海道新聞社に入社。社会部記者、カイロ特派員、社会部デスク、論説委員を歴任し、九五年中途退社。ジャーナリストとして活動しながら、宮城教育大学講師、青葉学園短期大学助教授、同大学教授、東京医療保健大学特任教授を務める。著書に、『教育に強制はいらない』『緑の日の丸』『NONOと頑爺のレモン革命』『希望としてのチャータースクール』『戦争の闇　情報の幻』他。個人ブログ「机の上の空」「教育改革情報」を開設。

◆――「事故」認識における、国内と海外の落差

Fukushima……フクシマ。「三・一一」以後、「世界語」となった言葉だ。

英語にもフランス語にもドイツ語にも――そしてもちろん、それ以外の各国・各地域の言語の語彙《ごい》にも入った日本語だ。

二〇〇一年「九・一一」の同時多発テロのあと、世界のジャーナリズムで「カミカゼ」（自爆テロ）という言葉がしきりに使われるようになったが（そしてそれはもちろん、残念ながらいまなお続いている）、二〇一一年三月一一日以降、「フクシマ」はそれをはるかに上まわる頻度で世界を飛び交い、より深く、より強烈に、人びとの意識のなかに入り込んでいる。

Fukushima……フクシマ。

「東京電力福島第一原子力発電所の大事故」を指すその言葉は、悲劇と恐怖を伝える響きとともに、海外のメディアによって、二一世紀初頭の同時代を生きる世界中の人びとによって共有されるものとなった。昔から世界語として使われている「ツナミ」[*1]と重なりあう形で。

海外メディアは「フクシマ」を「幸福の島」の意味だと報じた。「幸福の島」が「死の灰」の放出源――史上最悪の「不幸」の源になったアイロニーは、外国人によって、「福島」を単なる固有名詞（地名）として使う私たち日本人以上に、悲しく感じられたはずである。

そうした日本国内と海外の「フクシマ」をめぐる語感の違いはしかし、福島第一原発の「事

故」に対する国内と海外の受けとめ方の違いに比べれば、微妙な差異に過ぎない。「ダイイチ」[*2]の「事故」に対する認識において、国内と海外の落差は、じつは事故発生直後から途方もないものになっていたのである。

「フクシマでついに、とてつもなく重大な原子力災害が起きてしまった。地球環境が放射能で汚染される」と危機意識を募らせた「海外」と、政府の助けなしに避難せざるを得なかった「フクシマ」現地の被災者や原発問題に関心を持つ者を除いて、総じて日常生活の安逸のなかに逃れてしまった「国内」と……。

同じ「フクシマ」が、海外と国内では極端な事故認識の違いとなって現われた。

たとえば、事故から三カ月近くたった東京・銀座で、こんなことがあった。ツイッターで報じられた、二〇一一年六月三日の街角の風景だ。[*3]

「先週の金曜夕刻、東京銀座を歩いていると雨のなか東電本社近くで原発に反対するデモに出会った。すると横断歩道を渡れないでいる背広姿の若い男がなぜ取り締まらないのか、迷惑

(*1) たとえば、ニューヨーク・タイムズ(電子版)転載のインターナショナル・ヘラルド・トリビューン二〇一一年五月一一日付の寄稿記事 ⇒ http://www.nytimes.com/2011/05/11/opinion/11iht-edazimi11.html
(*2) Daiichiもまた今回の「フクシマ」によって、世界語となった日本語である。
(*3)「copelkun」さん ⇒ http://twitter.com/#!/copelkun

だと交通整理の警官に文句をいっていた。デモを応援する人はおらず、冷笑している人が多かった。滅びかけた国とはかくも滑稽である」

日本にももちろん、「フクシマ」に危機感をもち、デモに立ちあがった人たちが少なからずいる。しかし、事故の深刻度がますます明らかになって来た昨年六月初めの時点でも、銀座の街角はこういう状態だった。

デモをどうして取り締まらないんだ、とくってかかる若者。デモを冷笑する通行人。どうして、こんな状況が生まれてしまったのか？

理由はいうまでもない。日本政府による徹底した情報統制で「フクシマ」の事故の矮小化が、主要マスコミ（新聞、テレビ）を動員して続いていたからである。「フクシマ」の事故のおそるべき真実が、組織的なプロパガンダでもって隠蔽《いんぺい》されていたからだ。

◆――「BBCとツイッター」頼り

「フクシマ」の矮小化プロパガンダは、たとえばどのような形で行なわれたのか？　ここではとりあえず、もはや、語り草ともなったエピソードを、一つだけ思い出し、確認しておこう。

首相官邸での三月一五日午前の記者会見。枝野幸男官房長官は、こういったのだ。「二号炉の方で『ポン』というような音がしたという事態が生じました[*4]」。

「フクシマ」の二号機で起きた「水素爆発」の爆発音を枝野官房長官は「ポンというような

音」といったのだ。

「ポン」……シャンパンの栓を抜くときだって、クリスマス・パーティでクラッカーを鳴らすときだって、もっとすごい音がする。原発の「爆発」が「ポン」で済むはずがない。この国のトップ・スポークスマンは「爆発」を「ポン事象」でいって、国民をまるめ込もうとしたわけだ。

枝野官房長官はその後も、放射線被害について「いまただちに健康被害が出るレベルではない」などといい続け、「フクシマ」の事故の矮小化に努めることになるわけだが、これがなぜ、かなりの成功を収めたかというと、NHK以下の主要マスコミ（新聞、テレビ）のほとんどが、枝野長官らの「発表」をそのまままたれ流す「発表報道」を続けたからである。主要マスコミのほとんどが御用機関化し、「発表」されたことの真偽も確かめず、お先棒をかついでふれまわる「大本営発表」を続けたからである。

そこには「フクシマ」を隠蔽・歪曲し情報統制を図る「政府広報」があるだけで、事実を伝えようとする独立した「ジャーナリズム」はなかった。

「フクシマ」の事故が発生して一〇日たった三月二一日、フランスの世界的な高級紙、ル・モンドに、日本における独立した原発報道の不在を伝える記事が掲載された。「原発　批判浴び

（＊4）官邸ホームページ　⇒　http://www.kantei.go.jp/jp/tyoukanpress/201103/15_a3.html

る日本のプレス（*Nucléaire : la presse japonaise critique*）」。

日本のプレスに対する痛烈な批判だった。原発事故を心配する日本人にとってもはや、日本のプレスはあてにならず、「ＢＢＣとツイッター」を頼りにしている、と指摘したのだ。「ＢＢＣ」とはいうまでもなく、英国のＢＢＣ（英国放送協会）放送。「ツイッター」とはもちろん、情報を「ツイート（つぶやく）」し交換するネット・メディアである。

学校で英語教育を受けている日本人の頼みの綱は、やはり英語メディアの情報だ。だからル・モンドは、その代表格として「ＢＢＣ」を挙げたのだ。ニューヨーク・タイムズや英国紙ガーディアンなど英語メディアの電子版を頼りにしていた人も多かったことだろう。

ツイッターにしても同じ。「フクシマの真実」を求める日本人は、ツイッターに代表されるネット・メディアに対しても頻繁にアクセスして情報を得ていた。ブログ、そしてYouTube《ユーチューブ》……。

海外の情報は、国内のブロッガーらによって訳され、それがツイッターで一挙に拡散する状況が生まれていたのである。

海外情報はもちろん、英語情報だけではなかった。いま紹介したル・モンドなどのフランス語メディア、高級週刊誌『シュピーゲル』といったドイツ語メディアの情報も、リアルタイムに近い素早さでネットを通じ拡散し、共有されていった。

◆──「チェルノブイリ」並みの重大事故ではないか

それではなぜ、日本の主要マスコミは原発事故に危機感を抱いた人びとの信頼を失い、見捨てられるに至ったか？　なぜ日本政府の情報統制のお先棒を担ぐに至ったのか？　提灯記事はどんなふうにして生産されたか？──

この点についてル・モンドは、日本のジャーナリズムに特有の「記者クラブ」制度を、御用報道の発生源と指摘した。「記者と役人がゴチャ混ぜになっている（一体化している）」日本独特の記者クラブ制度──。これが今回の原発事故でもフル稼働し、事故の真相を隠蔽・矮小化する機能を果たしていると指摘したのだ。

たしかにル・モンドのいうとおりだった。政府とつるんだ「大本営報道」ぶりは、戦前・戦中の姿を見るようで、気味悪いほどだった。NHKの「二十四時間安心ラジオ」は一時期、史上空前の原発災害を軽く「原発のトラブル」とさえいっていたのである。

ル・モンドの記事は、「国境なき記者団」が二〇〇二年に日本のマスコミに対して下した、次のような評価も紹介していた。

日本の記者クラブ・システムは「日本の状況に対する国内プレスの情報と海外プレスの情報の間に危険なほどに乖離《かいり》を生み出している」──。

国内と国外の情報乖離──この乖離は「フクシマ」において、最初から、とんでもないものになっていたのである。

事故発生後、二週間経った三月二四日、世界に衝撃波が走った。そしてその衝撃は、日本政府による情報統制の壁をつき抜け、ネットを通じて流れ込んだ。日本の主流メディアが沈黙するなか、情報は国内に一気に拡散した。

英国の権威ある科学誌『ニュー・サイエンティスト』が、その電子版にこんな記事を掲げたのだ。

「フクシマの放射性降下物　チェルノブイリのレベルに近づく（***Fukushima radioactive fallout nears Chernobyl levels***）」

「フクシマ」と「チェルノブイリ」を結びつけた、最初の科学報道だった。

「フクシマ」が「チェルノブイリ」並みの重大事故ではないかという疑いは、事故発生時から世界中で語られていた。その疑いを確証したのが、この『ニュー・サイエンティスト』誌の記事だった。

同誌が報じたのは、「オーストリア中央気象局（ZAMG）」が、核兵器全面禁止条約（CTBT）違反の秘密核実験を監視するために全世界に配置された放射線検知ネットワークの測定値をもとに弾きだした、「フクシマ」からの放射性物質放出量。

それによると、「フクシマ」のヨウ素一三一の放出レベルは「チェルノブイリ」の「七三％」に達しており、セシウム一三七の放出量も、「チェルノブイリ」の「六〇％」に達していることがわかった。[*5]

「フクシマの放射性降下物　チェルノブイリのレベルに近づく」……まさに衝撃のニュースだった。しかし、同誌が紹介した「オーストリア中央気象局」の解析は、「フクシマ」からの放射性物質の放出量だけにとどまるものではなかった。「フクシマ」から放出された「放射能雲」が風に乗ってどの方向に流れたかも明らかにしていた。

同誌の電子版の記事には「オーストリア中央気象局」の「フクシマ」発の「放射能雲」拡散動画（アニメーション）がついていた。濃度に応じて赤やオレンジ色、黄色などで示された「放射能雲」が、まるで蛇がのたうつように拡散し、太平洋を越え、北米大陸に到達する衝撃の映像だった。

その動画を観た読者はさっそく、「オーストリア中央気象局」本体のウェブ・サイトにアクセスしたはずだ。アクセスして驚いたはずだ。そこでは、より大きな画面で、より詳しい拡散状況の動画が日々、更新されていたからである。「フクシマ」から放出された放射性物質がどんなふうに拡散したか、より鮮明な動画で示されていたからだ。[*6]

（＊5）『ニュー・サイエンティスト』誌の記事は以下を参照。⇓　http://www.newscientist.com/article/dn20285-fukushima-radioactive-fallout-nears-chernobyl-levels.html

（＊6）「オーストリア中央気象局（ＺＡＭＧ）」の動画は、以下を参照。画面の下部に注目。⇓　http://www.zamg.ac.at/aktuell/index.php?seite=3&artikel=ZAMG_2011-03-18GMT09:52

だ。

しかし間もなく、私たち日本人は、こうした「フクシマ」からの放射性物質の拡散動画が、この「オーストリア気象台（ZAMG）」のものに限らないことを知ることになる。フランスの「放射線原子力安全研究所（IRSN）」も、独自の解析で拡散状況を動画で示していたのだ。

動画は拡散の「結果」だけではなかった。今後の拡散状況の「予測」がノルウェー、英国、ドイツ、台湾などの気象局からもネットで公開されていると知って、私たちはまたしても唖然《あ》たる思いにとらわれたのである。

そして、それからしばらくして、日本政府がSPEEDIというコンピュータ解析の拡散モデルをもって解析を続けていながら、国民には知らせていなかったことが明らかになる……。

これほどまでに、日本の情報統制は徹底したものだったわけだ。このSPEEDIについては事故直後、一部の全国紙が、そういうものはたしかにあるけれど、使い物にならないものだから、なきも同然、知っても無意味、といった趣旨の記事を掲げるありさまだった。

◆──とんでもない「追加報道」

飯舘村の「死の灰」問題ではこんなことがあった。三月三〇日、ウィーン発のロイター電が世界を駆け巡り、「Iitate」は全世界に知れわたった。ロイター電は、こう報じていた。[*7]

ＩＡＥＡ（国際原子力機関）のデニス・フローリー氏は三〇日の（ウィーンのＩＡＥＡ本部での）記者会見で、飯舘村について「私たちの最初の評価によると、ＩＡＥＡの避難基準の一つを超えている。状況を注意深く評価するよう日本側にアドバイスした」と語った。

フローリー氏は、ＩＡＥＡの事務局次長である。そのＩＡＥＡのナンバー2がわざわざ記者会見を開き、飯舘村の汚染が避難基準を超えている、と断言していたのだ。それだけに、この「発言」はさすがに日本の報道機関も無視するわけにはいかず、日本国内にも伝えられることになる。

「ＩＡＥＡの避難基準を超えている」――ということは、飯舘村がきわめて深刻な放射能汚染にさらされており、避難しなければならない、とＩＡＥＡが「勧告」したも同然。日本もＩＡＥＡの加盟国だから、当然、政府として飯舘村の避難を開始しなければならない。日本の主要メディアも責任ある報道機関として当然ながら、事態が深刻なものであり、一刻も早く避難しなければならないと伝えなければならない……。

にもかかわらず、ここでとんでもない「追加報道」が行なわれることになるのだ。四月二日のこと。ＮＨＫがなんと、こんな「ニュース」を流したのだ。ＮＨＫの「ニュース」サイトに

（＊7）⇒ http://www.reuters.com/article/2011/03/30/japan-nuclear-village-idUSWEA1826201 10330

掲載された記事の全文を、以下の記録として引用しておこう。

「IAEA　飯舘村は基準を下回る」

福島県飯舘村で、IAEA＝国際原子力機関の避難勧告の基準を超える放射性物質が検出された問題で、IAEAは一日、その後の分析では、放射性物質の濃度が避難勧告の基準を下回ったと発表しました。

この問題は、福島第一原子力発電所から北西におよそ四〇キロ離れた飯舘村で、日本側が測定した土壌のデータをIAEAが独自に分析したところ、IAEAが避難を勧告する基準の二倍に当たる一平方メートル当たり、二〇〇〇万ベクレルの放射性ヨウ素一三一の値が確認されたものです。

これについて、IAEAは一日、さらに分析を行った結果を公表しました。それによりますと、飯舘村で日本側が先月一九日から二九日の間に一五回にわたって測定した土壌データを詳しく分析したところ、ヨウ素一三一の平均値は、一平方メートル当たり七〇〇万ベクレルで、避難勧告の基準を下回っていたということです。

これについて、IAEAでは「放射性物質の濃度は、福島第一原発の今後の状況や、風向きや雨など気象条件によって、変化する可能性がある」として、土壌などのデータの推移を注視するよう、日本政府に対して求めています。（傍線は大沼）

このＮＨＫの放送を聴いて、飯舘村の人びとはほっと胸をなでおろしたことだろう。「ＩＡＥＡの避難基準を超える」が一転して「避難基準を下回っていたということです」に変わったわけだから。

さて、このＩＡＥＡの一日の「発表」について、ウィーン発の共同通信電は、こう伝えている。ＮＨＫの報道ぶりとはちょっと違っている。さわりの部分だけ引用しよう。

国際原子力機関（ＩＡＥＡ）当局者は一日、福島第一原発の北西約四〇キロにある福島県飯舘村の土壌から検出された放射性ヨウ素一三一の値がＩＡＥＡ独自の避難基準を上回ったと指摘したことについて、複数の測定値を分析した結果、平均値は避難基準を下回ったと明らかにした。……（傍線は大沼）

◆――ドイツの原発作業員と同じ被曝基準

共同通信によれば、ＩＡＥＡの「当局者」は、「平均値は避難基準を下回っていた」といっていただけのこと。つまり、「避難基準」を超える地点はなかった、とはいっていないのだ。避難基準を超える地点はあったかもしれないのだ。

これに対してＮＨＫは「平均値」であるとはひと言も触れず、「ＩＡＥＡは一日、その後の分析では、放射性物質の濃度が避難勧告の基準を下回ったと発表しました」と「報道」していたわけである。これは報道のモラルの問題として、果たして許されることだろうか？

ＮＨＫの報道を視聴した人は、あのＩＡＥＡの「避難基準超え」の発表、ウソだったんだ、基準を下回ったんだ。避難しなくていいんだ。これまでどおり暮らしていけるんだ――と思い込んだに違いない。そう思い込ませた、日本の御用メディアのなんと罪深きことよ！

この「ＩＡＥＡ当局者」による「発表」について、一つ疑問を提起しておくと、日本のメディアはこの「当局者」が何者なのか、明らかにしていない。どのような形で――たとえば「記者会見」によるものなのか、あるいはＩＡＥＡとしての正式な「プレス・リリース（記者発表）」によるものなのかも明らかにしていない。いずれにせよ、公式の「発表」であれば、海外の通信社も記事を流すはずだが、それもなかった……。

ということは何を意味するか？　――私はＩＡＥＡのフローリー事務局次長の記者会見の「言明」にあわてた日本政府が、ＩＡＥＡの天野之弥《ゆきや》事務局長に圧力をかけ、もみ消しに走ったもののように思われる……。

もしも事実がそうであったなら、これは日本政府による犯罪的な情報操作であり、その片棒を担いだ（あるいは知らずに担がされた）ＮＨＫの責任も大きいといわざるを得ない。

もう一つだけ、「フクシマ」をめぐる国外と国内の報道の乖離の例を挙げると、福島の子どもたちの被曝限度を一気に年間二〇ミリシーベルトに引きあげた、四月一九日の日本政府の決定に対する、国内外の報道の落差も、典型例の一つだ。

「フクシマ」を契機に「脱原発」へ進んだドイツ。高級週刊誌の『シュピーゲル』は四月二一日付の電子版に「日本、子どもたちに高い被曝限度を設定（*Japan legt hohe Strahlengrenzwerte für Kinder fest*）」との記事を掲げ、驚きの声をあげた。

日本の子どもたちに、ドイツの原発作業員と同じ被曝基準値が設定された！

Für Kinder in Japan gilt jetzt der gleiche Strahlengrenzwert wie für deutsche AKW-Mitarbeiter.

ドイツの人びとは驚愕《きょうがく》したのだ。福島の子どもたちはいま、ドイツの原発の作業員並みの放射線量を浴びながら、日々、学び舎《や》で勉学にいそしむことになる。福島の教室と校庭は、ドイツの原発並みの学習（作業）環境になる……。

環境団体「グリーンピース」の専門家、ショーン・バーニー氏の『シュピーゲル』に対するコメントの最初のひと言は、「高い、高すぎる（Das ist viel zu viel.）」だった。「子どもたちはおとなに比べ、放射線に対する感受性が強いのに……」。

オットー・フーク放射線研究所のエトムント・レングフェルダー氏は、憤激を隠さなかった。

「がん患者が追加で生まれると完全にわかっていながら我慢しなければならないということ

だ」

氏はさらに日本政府の決定をこう厳しく非難した。

被曝限度の引き上げで司法訴追は免《まぬか》れようと、道徳的な非難から逃れることはできない。

Durch den Grenzwert ist die Regierung juristisch aus dem Schneider - moralisch aber nicht.

これほど手厳しい言葉はあるだろうか？

ミュンヘンの放射線防護研究所のペーター・ヤコブ所長のコメントも辛辣《しんらつ》で痛烈だった。

「子どもたちの放射線感受性が最も高いという事実に照らせば、二〇ミリシーベルトがどんな意味をもっているかを、彼らは最大限、勘違いしているに違いない」

◆——「原子力ロビー」は「情報隠し」の名人

文科省が学童への被曝基準を大幅に引きあげた一〇日後の四月二九日、放射線防護の専門家で内閣官房参与の小佐古敏荘《こさことしそう》氏（東京大学大学院教授）が都内で記者会見を開き、「これだけの被曝をする人は、全国の原発業務の従事者のなかでも極めて少なく、この数値を小学生らに求めるには、学問上の見地や私のヒューマニズムから受け入れがたい」と述べて、参与を辞任することを明らかにした。

南ドイツ新聞もまた、小佐古氏の辞任をとりあげた。記事につけた見出しは、「憤怒の涙(Tränen der Wut)」だった。ドイツ語のWutは単なる怒りではない。もっと強い言葉だ。小佐古氏の辞任は日本でも報じられたが、そこに「二〇ミリシーベルト強制被爆」問題への、社会の木鐸《ぼくたく》としての怒りは感じられなかった。

「フクシマ」をめぐる日本政府の情報統制に唯々諾々と従い、報道機関としての社会的な責任(の、かなりの部分)を自ら放棄したかのような日本の主流マスコミ。

主体的な調査報道に向かわず、当局の「発表」ばかりを営々として流し続けていた日本の主流メディア(もちろん、例外がなかったわけではない。たとえば東京新聞の特報部、論説委員や「NHKスペシャル」は果敢に真実に迫る報道を行なった……)。

私は今回の「フクシマ」報道は、戦後ジャーナリズム史上、最大・最悪の汚点となったものではないか、と思っている。あの東大生の樺《かんば》美智子さんが殺された「六〇年安保」では、在京七社(新聞社)が「ともあれ事態の収拾を」と、反対運動に冷や水を浴びせかける「共同宣言」を行なったが、今回の「フクシマ」報道は、それをはるかにしのぐ規模で、御用報道が蔓延した気がする。

主流マスコミは権力者の命令に従い、口をつぐみ、筆を折ったのだ。これは戦前・戦中の「大本営発表」報道となんら変わるものではない。

ル・モンドは三月二六日付の紙面に「フクシマ この罪深き沈黙（*Fukushima, silences coupables*）」[*8]との見出しで、以下のような記事を掲げた。

情報過疎下、事故の重大性がきちんと評価されないなか、それでも破局リスクにしだいに気づき始めた日本人だが、専門家たちの証言がブログを含むメディアを通じて流れたことで明るみに出た、この胸の悪くなるようなドラマの舞台裏に潜む者たちの恐ろしさにますます不安を覚えるようになるだろう。舞台裏に潜むものとは、控えめな表現で「原子力ロビー」というべき権力である。

「原子力ロビー（lobby nucléaire）」……日本では「原子力村」と呼ばれる「原発権力」にスポットを当てた記事だった。

ル・モンドは、この「原子力ロビー」を構成するものとして、原子力政策をつかさどる経済産業省、電事連、原子力安全委員会、原発メーカー、電力各社をあげ、経産省のＯＢが電力各社に天下っている事実を指摘し、「原子力ロビー」は「情報隠し」の名人で、「原発は完全に安全」と人びとに信じ込ませるため、新聞やテレビを通じた広告キャンペーンに金を出している

――と報じた。

政府上層部、監督官庁、原子炉メーカー、電力会社の「融合」は、反対派を消し去ろうとし

ているばかりか、原子力に関するあらゆる疑問を退けている――とも手厳しく批判していた。

「原子力は夢のエネルギー」「原発は絶対に安全」と書き続けてきた「日本のマスコミ」は、その総決算ともいうべき「フクシマ」の大災害が起きたとき、「権力」と一緒になって事故を矮小化しようと躍起となり、真実をつきとめ、人びとに知らせる社会的な責任を放棄したのである。

ル・モンドのいう「フクシマ この罪深き沈黙」は、政府・東電だけでなく、日本の報道機関にもあてはまる。

「フクシマ」で「原発安全神話」は吹き飛び、その後の大本営報道で、日本の主流マスコミへの国民の信頼も同時に崩れ去った。

御用学者を使って、「被曝しても安全」とたれ流し報道を続けた民放。政府当局の発表の広報活動に専念し続けたおおかたの日刊紙。

「フクシマ」の真実の解明、責任の追及は、日本政府(経産省など)、東電だけでなく、日本の既成マスコミに対しても行なわれなければならない。

(*8) ⇒ http://www.lemonde.fr/imprimer/article/2011/03/26/1498886.html

第六章

脱原発は可能か

林　勝彦

◆――脱原発は可能か

理由は五つ。

「脱原発は可能か」。それは可能であるし、そうしないと日本の未来はないだろうとすら思う。

①核燃料一グラムは石炭三トン分に相当する魅力的なエネルギーである。しかし、持続可能なエネルギーではない。天然ウランの地下資源は六〇年程度と限界があり、核燃料として使えるウラン二三五は、天然ウラン全体のわずか〇・七%のみである。

②その限界を打破するためには天然ウランの九九・三%を占めるウラン二三八に高速中性子を当ててプルトニウム二三九を生み出す。プルトニウム二三九は核燃料として使える。その切り札が高速増殖炉である。この炉を使うと打ち出の小槌のように、使用した核燃料よりも多い核燃料を作り出すと期待されていた。それが〝もんじゅ〟である。さらに日本にある五〇基ほどの軽水炉のほかに、軽水炉の使用済み核燃料からもプルトニウムと高レベル放射性廃棄物を分離し、プルトニウム二三九を回収するのが〝再処理工場〟である。このプルトニウム二三九をさらに核燃料として使用することを核燃料サイクル〔注1〕、またはプルトニウムリサイクル〔注2〕と呼ぶ。一〇〇%うまくいくと仮定すると、天然ウランの六〇倍の有効利用が図れることになるのだが、もはや〝夢〟を通り越して〝幻〟とな

っている。

③すでに日本には、取り出したプルトニウムが四五トンある(国内一〇トン、海外三五トン)。このプルトニウム二三九は日本独自のエネルギー源となる。しかし一方で、プルトニウムは原爆の材料となるため、原子炉で使い切らない限り国際的な約束違反となる。しかし余剰プルトニウムの消費方法はまったくめどが立っていない。

④原子力最大のアキレス腱は、高レベル放射性廃棄物の処理・処分問題である。原発の使用済み核燃料のなかに生まれた〝死の灰〟や廃炉処理からも生まれる。原発を動かし続ける限り、使用済み核燃料棒は増え続ける。これが「トイレなきマンション」問題となっている。

⑤原子力基本法「民主・自主・公開」を無視した偽りのエネルギーだからである。

NHK時代、原子力に対する私の立場は「Yes But」であった。この立場でないと番組制作の現場からはずされ、異動の危険が高まるためである。Yes Butとは、原発はやむを得ず認める。しかし、原発にはさまざまな難問・課題が山積しているとする立場。反対派と推進派の中間に位置し、いわば安易な二項対立批判派ともいわれるが、YesとButのどちらにより重点を置くかで多様な立場となる。しかし今回の福島原発事故・事件を受け「No But」に変わった。No Butとは、原発は四〇年で廃炉にし、新規開発は認めない。核燃料サイクルは危険とコスト高のため即刻中止・廃棄処分とする。節電と節電技術開発や代替エネルギーなど駆使してもエネルギー不足になるならば、その期間だけ五％レベルまで原発の再稼動を認めるという立場。なぜなら老朽原発は脆性遷移《ぜいせいせんい》現象（長期間中性子に照射されるため容器が劣化する）により突然崩壊する危険性などが高まるためである。東京大学名誉教授の井野博満は、この現象のため、九州電力の「玄海一号機」は、日本の全原発のなかでも危険だと指摘するほどである。

そもそも、原発がなければ電力は不足するのか？　根源的な問いである。あとがき（二六七ページ）にあるグラフ❶は、独立行政法人「科学技術振興機構」前理事長で現顧問の北澤宏一が作った。よく見てほしい。試算期間の最大ピークは原発がなくてもクリアできることを示している。同様に京都大学原子炉実験所助教の小出裕章、慶應義塾大学元助教授の藤田祐幸や同大学講師の竹田恒泰《つねやす》らも雑誌〔注3〕などでじゅうぶん足りていたと述べている。そして私の場合は脱原発をどんなに遅くとも二〇五〇年までに達成するが、二〇二〇年を目標に早ければ早いほど良いとする立場である。

しかし上記②～⑤がすべて解決され、原子炉よりも国民のいのち・環境を最優先に考えて行動できる能力と信頼できる規制委員会が設立・運営され、そこで安心・安全を保障してくれるとなれば、すぐにでも私は原発推進派に転向する意思がある。

◆――核燃料サイクルと夢と現実～幻と化した高速増殖炉〝もんじゅ〟

核燃料サイクルは「原子力ムラ」が追い求め続けている夢である。しかし、夢はどんどんと遠のき、いまや幻想と化している。筆者はNHKスペシャル「調査報告　プルトニウム大国日本・第二回　核燃料サイクルの夢と現実」〔注4〕（一九九三年五月）をプロデューサーの一人として制作した。そのときすでに核燃料サイクルは、危険性とコストの点から実現は困難だろうと感じていた。その後、JCOによる東海村臨界事故や今回のフクシマ原発事故を受けてその思いはより強くなり、結論としては〝ただちに夢を捨てるべきだ〟に至った。現実とは過去の事故の歴史に学び、冷静・合理的・科学的・倫理的に結論を下すべきと思うからだ。

ではそもそも核燃料サイクルとは何か。軽水炉の使用済み燃料からプルトニウムや残存ウラニウムを取り出し、再利用することで核燃料の有効利用を図ることである。図❶のごとく核燃料サイクルの核心は再処理工場と高速増殖炉にある。「原子力ムラ」の人たちは、高速増殖炉を使えば理論上核燃料を六〇倍にも有効利用できると計算し、実現を信じている。最大の信奉者は経産省をはじめ、支える財務省・文科省・内閣府の官僚集団と、自民党や民主党政権の中枢議員らである。

核燃料サイクルのメリットはウラン燃料の有効利用にある。天然ウラン燃料のうち核燃料はウラン二三五のみ、全体の〇・七％程度である。残りの九九・三％は核燃料としてそのままでは使うことのできないウラン二三八である。したがって、現在の原発だけでは、限りある天然ウランを数十年で使い果たしてしまう。そこで考え出されたのがウラン二三八を燃える核燃料、プルトニウム二三九に変身させる高速増殖炉FBR（First Breeder Reactor）である。

現在の軽水炉と高速増殖炉との違いを比較してみる。表❶のごとく軽水炉の核燃料はウラン二三五である。ウラン二三五が核分裂を起こすと高速中性子が二〜三個ほど出る。その高速中性子が、また別のウラン二三五に当たり連鎖的に核分裂が進み臨界に達する。その高速中性子を水で減速させることによって、核分裂の効率を四〇〇倍ほど上げる。一方、高速増殖炉の核燃料はプルトニウム二三九であり、中性子は減速させず高速のまま使い、核分裂を連鎖的に起こし臨界に至る。軽水炉に比べ核分裂するときに余剰の中性子が一〜二個余分に出る。その余剰中性子を燃えないウラン二三八（ブランケット燃料）に積極的に当てることでプルトニウム二三九へと変化させる。減速材は不要である。その代わり中性子を阻害せず熱伝導性の良い液体ナトリウムが冷却材として用いられている。

一九七七年にＮＨＫの科学ドキュメンタリー「あすへの記録　高速増殖炉・常陽」〔注5〕を制作した。常陽とは日本初の高速増殖炉であり、学校でいえば高校生レベルに当たる〝実験炉〟である。開発までの全四段階表❷のうち最初の段階であり、高速増殖炉の物理的な成立を確かめるためのものである。発電はしないため蒸気発生器はない。蒸気発生器とは核燃料で生じた熱エネルギーをナトリウムに伝え、配管を通して水を蒸気に変化させるところである。もし配管にピンホールができたり配管が壊れたりすると、ナトリウムと水は激しく反応し大爆発に至る。潜在的に危険な部分である。もし大学教授レベルの〝商業炉〟を完成させると、核燃料を六〇倍ほどの有効利用が図れると原子力推進派は主張し、使った燃料以上の燃料を生み出

図❶——核燃料サイクル

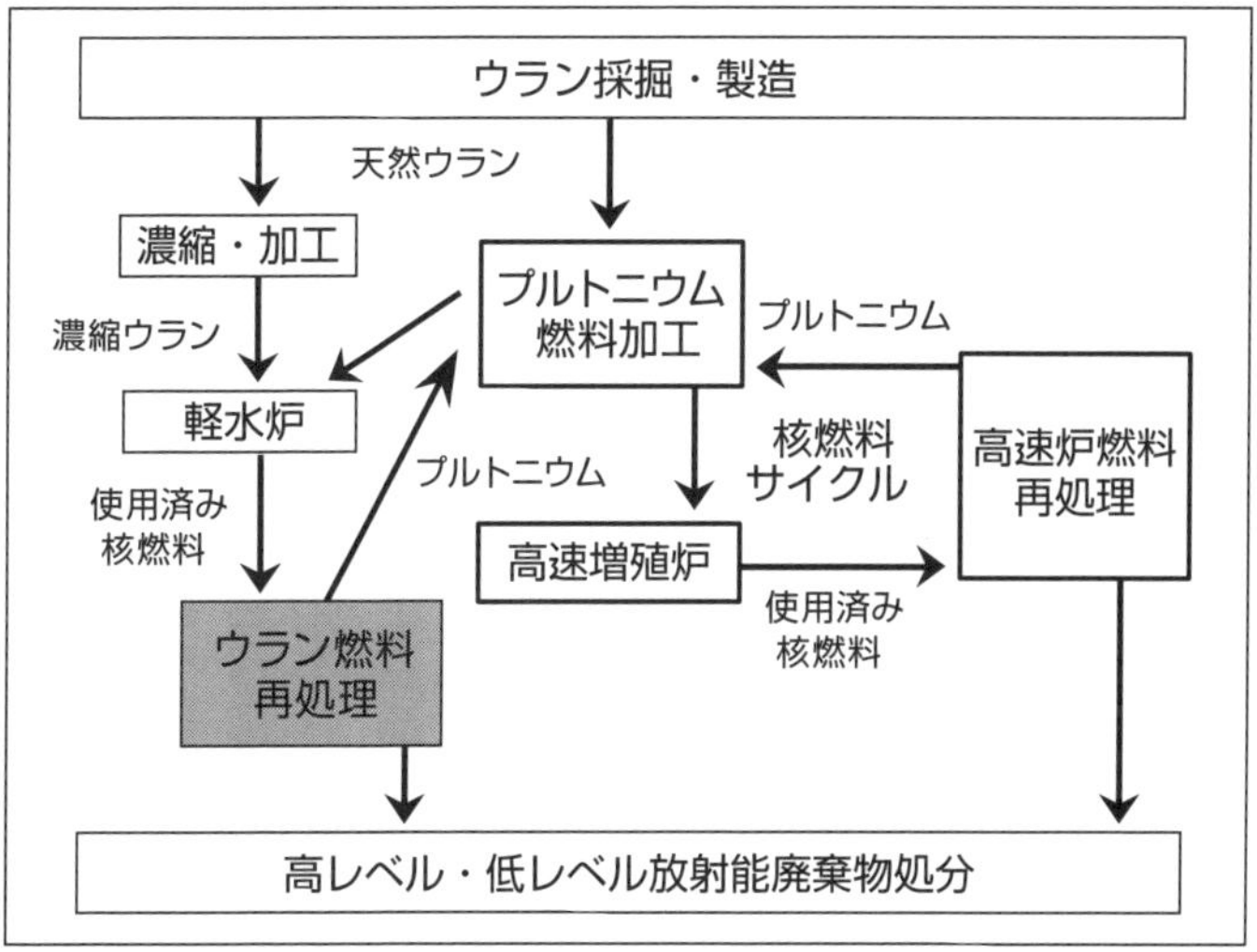

せるはずであるところから「夢の原子炉」といわれていた。その反面、この夢の原子炉はさまざまな危険性を持つ。その一つが水と激しい反応を起こすナトリウムを用いていることだ。先にも述べたが、蒸気発生器では水とナトリウムが共存するため、世界の事故史を鑑みても事故・トラブルが非常に多い。

常陽の取材の際、このナトリウム配管破損を想定した安全対策の実験が行なわれた。蒸気発生器のなかでパイプを破り、ナトリウムと水との反応をテストする「ギロチン破断実験」である。準備に一年と五〇〇〇万円の費用をかけた世界最大規模の実験であった。その瞬間、周辺にいた野鳥数十羽は大きな爆発音に驚き、いっせいに飛び立った。実験は成功し、安全装置のダクトから吹き出す炎をカメラに収めることができた。しかし、その様子を目の当たりにしたとき、これが実験レベルではなく、安全装置が働かず巨大事故となったらどうなっただろうかとの危惧《きぐ》を抱いた。

高校生レベルの「常陽」が臨界に達したとき、世界の原発先進国ではすでに大学生レベルに当たる第二段階の〝原型炉〟を完成させていた。ロシアは七二年「BN－350」（高速炉）、フランスは七三年「フェニックス」、イギリスは七四年「PFR」で臨界に達している。アメリカは九三年七基目の実験炉FFTFの閉鎖後「原型炉」に進むことを断念、危険性とコスト面が原因とされている。日本は翌九四年、先進国に二〇年ほど遅れて原型炉「もんじゅ」がようやく臨界に達する。日本の科学技術開発が得意とする〝キャッチアップ〟方式である。

しかし、もんじゅが臨界に達する以前に、すでに世界の実験炉は数々の事故を起こしていた。実験炉では五五年アメリカ、アイダホ州のEBR－1（出力二〇〇キロワット）は実験運転中に燃料棒が曲がり、原子炉出力が急上昇、燃料の一部が溶けメルトダウン事故を起こし、放射能が大量に放出された。世界最初のメルトダウン事故である。六六年アメリカ、デトロイト州の「エンリコフェルミ炉」（出力六万五〇〇〇キロワット）は原子炉の底にあるジルコニウム盤数枚が外れナトリウムの流れを妨げ、燃料溶融事故が発生した。警報が鳴り響き、一〇分以上経過してから原子炉は停止。その模様をジョン・G・フラーは『われわれはデトロイトを失うところであった（*We Almost Lost Detroit*）』に書いた。

同年フランスではラプソディがナトリウム漏れ火災事故を起こす。六〇年イギリス北部では

表❶——軽水炉と高速増殖炉の違い

	軽水炉	高速増殖炉
主な核燃料	ウラン235	プルトニウム239
減速材	軽水	－
冷却材	ー	ナトリウム
中性子	減速材を用いているため ゆっくり	減速材を使用しないため 高速

表❷——高速増殖炉開発までの全４段階

段階	名称	レベル
第１段階	①実験炉	高校生
第２段階	②原型炉	大学生
第３段階	③実証炉	大学院生
第４段階	④実用炉	大学教授

ＤＦＲが燃料破損事故。ロシアでは六〇年ＢＲ－５がナトリウム細管大破損事故などである。さらにドイツも開発第二段階の原型炉を完成。あとは核燃料挿入すれば発電可能段階にまで完成させていたにもかかわらず、市民からの強い反対と専門家からの事故時の被害の危険性などの指摘により断念。そして世界のトップを走っていたフランスのフェニックスが、七六年七月と一〇月にナトリウム漏れ、火災事故を中間熱交換器で起こしている。さらに大学院レベルに当たる開発第三段階の世界唯一の実証炉であったスーパーフェニックスも、八七年三月と六月に燃料貯

蔵槽からのナトリウム漏れ事故。九〇年にはナトリウム漏れ、火災事故などを起こし開発を断念。いまや原子炉は解体され更地になってしまった。夢は消え去ったのである。

一方もんじゅは、九五年ナトリウム漏れ大事故と火災を起こし運転停止。動力炉・核燃料開発事業団（以下「動燃」と略、現在の原子力開発機構）は事故から六時間後施設内の模様をビデオ撮影したものの非公開にしてビデオ隠しを行なった。のちにふたたびビデオ班が内部に入り惨状を撮影したが、衝撃的な場面はカットして発表。しかしそれが露見し社会問題となった。「原子力ムラ」の事故隠しや発表の遅れはすでに常態化していたが、このときほど多くの国民の目にも〝事故隠ぺい〟体質が明確になったことはない。

この事故以後、もんじゅは一五年以上にわたり停止。二〇一〇年に試運転を再開したものの、四カ月もたたないうちに炉内中継装置〔注6〕を原子炉内部に落とすという信じがたい事故を起こした。事故の原因は部品のつなぎ目のネジが緩んだことが原因であった。世界からは日本の技術力がここまで劣化していたのかと驚かれた。従来、日本の産業を支えてきたのは職人かたぎの匠の技であった。原子力の世界にも〝棒心〟と呼ばれる目利きの職人がいた。しかし年々技術力は低下。もはや〝棒心〟はほとんど存在しない。

現在までにもんじゅに投資した開発費は約一兆円。高速増殖炉全体では二兆円ほど投資してきた。しかし一度も発電できていないにもかかわらず、たんにナトリウムを液体として保つためなどのために年間二〇〇億円もの血税と石油エネルギーをつぎ込み続けている。しかも「もんじゅ」はこれまでの一八年間一度もエネルギーを生みだしてはいない。「石油エネルギーの浪費型金食い虫」といわれている。今後もし継続するなら、一〇年間でさらに三五〇〇億円の国民の血税が必要となる。

◆――核燃料サイクルの要・再処理工場〜事故多発の歴史とコスト高

再処理工場は核燃料サイクルのなかでも核心中の核心である。再処理工場とは使用済み核燃料のなかに詰まっている高レベル放射性廃棄物、〝死の灰〟と再利用できるウラン二三五とプルトニウムを分離する。一般的な軽水炉を一日稼働させた場合、燃料棒のなかに広島型原爆三個分の死の灰をため続けてゆく。一年間にすれば一〇〇〇個分をため込んでいることになる。その使用済み核燃料棒を一〇年間ほど冷却し続けたあと、化学的に処理を行なう。その工程は複雑、危険きわまるものとなる。過去の歴史を紐解き、実際に取材してみると、明確に理解できる。

再処理工場も軽水炉や高速増殖炉と同様に、軍事技術を母体として生まれた。現在核兵器製造用でなく、原発用に再処理を本格的に行なっている主な国はG7のなかではフランスのみである。アメリカはすでに再処理を止めている。カーター元大統領は核拡散の危険性から使用済み核燃料をそのまま地中処分することに決めている。日本では一九七七年小規模の茨城県東海村再処理工場（処理能力一トン／年＝原爆一二五個分）を造り、青森県六ヶ所村に大規模再処理工場を建設することを決定し建設中である。しかしこれも事故・トラブル続きであり実用化のめどは立っていない。

再処理もまた事故の連続の歴史である。七三年イギリスのセラフィールド再処理工場で大量の放射能漏れ事故。八三年同工場と九七年フランスのラ・アーグで大量の廃液放出。プルトニウム漏れ事故は八六年と九二年イギリスのセラフィールド再処理工場で、九六年同じくイギリスのドーンレイで発生。そして八九年フランスのラ・アーグで全電源喪失という最悪の事故を起こしている。幸いこのときは緊急発電装置をトラックで搬入し、廃液の爆発の寸前で回復した。もしこのとき全放射能が外部に放出されていれば、チェルノブイリの比ではなくヨーロッパ全土に膨大な被害が生じていたことになる。

原子力安全基盤機構（ＪＮＥＳ）の報告書（二〇〇七年三月）によれば、海外で発生した再処理工場重大事故は〇七年までに「臨界事故」が一八件（露一一件、米六件、英一件）、「火災事故」が四五件（米一五件、仏一四件、英八件、独六件、露一件、ベルギー一件）、「爆発事故」が三二件（米二〇件、仏四件、英二件、露六件）確認されている。日本の六ヶ所村再処理工場は当初試運転を〇九年終了予定だったが、相次ぐトラブルのため一〇年に延期、さらに完成まで二年間延期された。いままでに延期された回数は一八回、その影響を受け当初七六〇〇億円だった予算が二兆二〇〇〇億円ほど（一一年二月現在）と三倍近くにまで膨らんでいる。事故・トラブルは日本原燃が公表しているだけでも一二件に及ぶ。

筆者が驚愕したデータがある。それは西ドイツ政府がケルンにある原子炉安全研究所に対し、再処理工場の大事故評価を依頼し、一九七六年に報告を受けた「ＩＲＳ－２９０リポート」である。この報告書によれば、万一、高レベル廃液貯蔵冷却系と使用済み燃料貯蔵プール冷却系に最大仮想事故が起これば、年間一四〇〇トン、ウラン規模の再処理工場の場合、一〇〇キロメートル離れた所に暮らす住民でも、致死量の約一〇～二〇〇倍の放射能を被曝するというものである。風向き次第では死者は約三〇〇〇万人に達する計算になるという。当時、ＮＨＫ特集「原子力　秘められた巨大技術（３）～どう棄てる放射能～」（八一年）〔注７〕をディレクターとして取材中に高木仁三郎が『科学』（Vol.47–No.5、岩波書店）で紹介していた事実を知り、そのデータについて原子力推進派に聞いたことがある。意外なことに誰一人このデータを知らないとの返事。リスクが「原子力ムラ」に共有されていない事実に二度驚愕した。本当に知らなかったのか。もし知らなかったとすると、あまりの不勉強さ、「リスク管理」のずさんさに呆然としたものである。

◆――〝地獄の王〟プルトニウム社会の危険性

「プルトニウムの安全管理は人類の存亡にかかわる一大問題であり何十年や何百年といった年数ではなく、過去の文明が存在してきた期間よりはるかに長い、何千年という期間にわたる問題である」（ジェームズ・ワトソン。二〇世紀生物学上の最大の発見といわれるＤＮＡ二重

らせん構造を解明しノーベル賞受賞）

プルトニウム二三九の物理学的半減期は二万四〇〇〇年、〝地獄の王の元素〟というニックネームを故・高木仁三郎（原子力資料情報室元代表）はつけた。彼によればその名の由来はこうだ。「天然に存在する元素は原子番号九二のウランまでだ。これに人工的に陽子や中性子を加えていって、新しい元素をつくる。その第一号は九三番元素ネプツニウムで、ウラン（ウラヌス＝天王星に由来）の外側という意味でネプチューン（海王星）にちなんで命名された。そうなると九四番元素は、当然プルート（冥王星）にちなんでプルトニウムということになるが、この元素に冥土（地獄）の王の元素、という名がつけられたのは、偶然とはいえ皮肉なことであった」（『プルトニウムの未来』岩波新書三六五）。これは超猛毒の核物質である。プルトニウム二三九はα線を出すが、そのα線は紙一枚で止めることができる。

しかしプルトニウムは直径一ミクロン（一〇〇〇分の一ミリメートル）ほどの極めて小さな酸化プルトニウムとなって空中に飛散した場合、人体の肺に入ると長くとどまり細胞の数十ミクロン範囲だけをピンポイントで破壊する。細胞の遺伝子・DNAをα線の電離作用によって傷つけ、突然変異を起こす。修復もされるが、長期間被曝し続けるため誤りも生じ、肺がんや骨のがんなどを誘発すると恐れられている。内部被曝である。

七四年、アメリカのタンプリンとコクランがプルトニウムの許容量を一万五〇〇〇分の一ほどに引き下げるべきだと主張した。論文の存在を知り、原子力批判派の故・高木仁三郎と推進派の研究者、放射線医学総合研究所の松岡理《おさむ》によるバトル安全論争を企画し、「教養特集　プルトニウムの許容量」を制作したことがある〔注8〕。事前に出演者二人には説明用パターン（図表）を数枚作ってもらったが、打ち合わせなしで生番組風に構成した。

両者はそれぞれの論を主張したが、結局人体でのデータが不足しているため痛み分けに終わった。その二年後、アメリカ政府機関はタンプリンらの説を却下した。局部的な強い放射線被曝は細胞を殺してしまうため逆にがんを発生させにくいとする理論などが理由であった。ところが、七五年にアメリカのモーガン博士（元ジョージア工科大学教授・ＩＣＲＰ部会長兼座長歴任）は現行のプルトニウム許容量を二四〇分の一に引き下げるべきであると主張した。それに対しユタ大学のメイズ博士は過大評価だと批判したが、現行の規制を九分の一に引き下げるべきだと示唆した。また、番組でも紹介したがアメリカ、バテル研究所のベアー博士らはビーグル犬を使った実験で、〇・一マイクロキュリー以下ほどの酸化プルトニウムを吸入させると、一四年後肺がんが起きることを報告した。だが、症例数が少ないこと、動物実験を人間に外挿できるかが課題となっている。

プルトニウムは空気中に浮遊する化合物粒子の吸入が最も怖い。松岡理によれば「吸入プルトニウムの四分の三ほどは気道の粘液により食道に送り出されるが、四分の一程度が肺に沈着する。沈着した粒子は肺か胸のリンパ節に取り込まれるか、血管を経由して骨と肝臓に沈着するという。つまり、沈着したプルトニウムは発がんの原因物質となるのだ。

ＮＨＫ特集取材中、一メートルほどの至近距離からプルトニウム二三九の粉末を撮影したことがある。マスクなど安全防護衣服を身にまとい、放射線量計をたずさえ陰圧の実験室に入る。プルトニウムはさらにグローブボックスのなかに酸化プルトニウムの姿となってそこにあった。このプルトニウム二三九が一〇キログラムほどあると長崎型原爆を一発造ることができるのだ。

ここに原子力社会の危険性が潜んでいる。ＳＦではプルトニウムや核ジャックなどを扱った作品が数多くあるが、実際に起こった有名なミステリー事件がある。七四年のカレン・シルクウッド事件である。主人公は当時二十八歳、プルトニウム燃料会社カーマギー社に勤めるプルトニウム技術者であった。故・高木仁三郎博士のベストセラー『プルトニウムの恐怖』（岩波文庫）より引用させていただく。

彼女は会社のずさんなプルトニウム管理や検査の誤魔化《ごまか》しの事例を見、調査を続けていた。やがて切迫する事件が訪れた。彼女は自宅のチーズやソーセージなどがプルトニウムで汚染していることを発見。彼女自身にも汚染が見つかった。事態が急を要すると判断した彼女は、ＮＹタイムズの記者と会う約束を取り付け、調査記録を携え約束の場所へ車を飛ばした。しかし、彼女は交通事故で死亡した。翌日警察が調査したときには彼女の車から調査記録が跡形もなくなっていた。さらに路上のブレーキ痕まできれいに消されていたのだ。専門家の調査によると後ろから別の車に追突されたとのことだった。つまり、彼女は何者かに殺された可能性が強いのである。遺族による訴訟の結果、会社への賠償請求が認められ、プルトニウム汚染は会社の管理のずさんさが原因とされ一〇〇〇万ドルの賠償請求が認められた。

高木氏曰く、カレンの事件はプルトニウム社会の未来に対する想像力をかきたてずにはおかない。

昨年九月『知事抹殺』(平凡社)を著した前福島県知事の佐藤栄佐久をドキュメンタリー映画「いのち」〔注9〕のために福島県郡山市の自宅を訪れインタビューしたことがある。佐藤は雑誌『世界』に「真の敵を見誤ってはいけない」(二〇一一年一〇月号)を記した。真の敵とは、自己体験をもとに通商産業省(現経済産業省)の官僚たちを指す。たとえばMOX燃料導入時など県民のいのちを守る立場の県知事が慎重に検討を進め、電力会社と約束を交わした事案も、通産省(現経産省)の官僚が実質的に無視して強引に政策を進めてしまうことなどを語られた。さらにプルトニウム社会の危険性はアメリカのシルクウッド事件だけでなく、ヨーロッパでも同様なことが指摘できるとし、高木仁三郎同様ロベルト・ユンクの『原子力帝国』(山口祐弘訳/アンヴェル社)の例を語られた。事実、プルトニウムが密売の対象にされたとみられる事件が一九九四年ドイツ警察のおとり捜査により空港で発覚した。また、英の高速増殖炉「PFR」の施設で、七三年と七六年に合計三五グラムのプルトニウムを含んだ使用済み燃料ピン（高速炉の燃料棒）の一部が行方不明になったと英国のＢＢＣが放送した（八〇年九月）。三五グラムのプルトニウムは一〇億人分もの許容量に相当するという。

◆――核拡散とテロの危険性

核燃料のプルトニウム二三九とウラン二三五はコインの表と裏の顔を持つ。表は平和利用、裏は核兵器の材料となることだ。ウラン二三五型原子力爆弾「リトルボーイ」は一九四五年八月六日広島に投下。プルトニウム二三九型原爆「ファットマン」は同年八月九日長崎に投下された。当初、アメリカ軍は宣戦布告なしで真珠湾奇襲攻撃を受けた報復として、宣告なしで日本海軍の艦船基地呉軍港を攻撃目標に据えた。しかし天候などの条件により、ほとんどが非戦闘員の二つの都市に無差別攻撃したことになった。

いま世界は北朝鮮とイランの核開発を危惧している。その原因はプルトニウム二三九とウラン二三五を使った原爆製造計画による核拡散を恐れているためである。周知のごとく核兵器を保持している国は、米露英仏中の国連安保理常任理事国のほかにインド、パキスタン、イスラエル、南アフリカとみられている。日本は非核三原則のもと、ＮＰＴ（核拡散防止）条約やＩＡＥＡ（国際原子力機関）の核査察を受け入れてはいるが、現在のプルトニウム二三九の保有量は四五トンほどである。この量は安保理常任理事国に次いで五番目（中国は非公開のため）に多い数値である。広島型原爆に換算すると四〇〇〇〇発分を超えることになる。

なぜ日本はこれほどのプルトニウムを保持することができたのか。七七年、米カーター政権はアメリカの原子力推進政策の見直しを進めるとともに、諸外国にも核拡散の防止を求めた。日本に対しては「必要なウランはじゅうぶんに供給する。その代わり核兵器の材料となるプルトニウムを取り出す再処理工場の運転は認めない」として再処理工場の建設に強く反対した。しかし最終的にはアメリカ側の貿易赤字とヨーロッパに核燃料市場を奪われかねないという経済事情とが相まって、「新日米原子力協定」が成立。日本はアメリカからプルトニウムの長期にわたる利用権を獲得した。このときから日本はプルトニウム大国への道を歩み始めたのである。その間の詳細な報告はNHKスペシャル「調査報告　プルトニウム大国　日本・第一回核兵器と平和利用のはざまで」（一九九三年五月）〔注10〕で紹介した。

日本のテロ対策はプルトニウム大国のなかでも最も脆弱だと、IAEAやアメリカからも指摘されてきた。その危険性を市民の立場からいち早く触れた著作がある。『放射能で首都圏消滅』（食品と暮らしの安全基金＋古長谷稔著、三五館、二〇〇六年）では浜岡原発のリスクをさまざまな点から指摘。空からも取材した体験をもとに気球を使ってのテロの可能性にも触れている。

フクシマ原発事故後の復旧作業では下請会社の作業員一〇名の所在がわからなかったことが判明、社会問題となった。欧米では犯罪歴や信用情報、薬物依存などを調査しテロ対策に対処してきた。日本はようやく一二年二月一〇日、海外からの指摘を受け、内閣府の原子力委員会の専門部会は原子力施設を狙ったテロの防止対策として施設内で働く作業員の身元調査を求める報告書案を政府に提出した。最もテロ対策が遅れている国であることが証明された。

さらには最近、フランスでも原子炉屋上に反原発派市民運動家がよじ登る事件が発生し、テロの危険性は無視できないものとなっている。イスラエルではテロ攻撃を恐れ、原発を廃止する政策に舵を切ったと伝えられた。

いずれにしても、原発安全神話、原発コスト安価神話、原発電力安定神話など原子力社会の神話は次々と崩れてゆく。

核燃料サイクルに関して極めつきのデータが発表された。「脱原発社会は安くつく！」。驚愕すべき事実が今年の四月一九日に明らかにされた。原子力政策のあり方を検討している原子力委員会の小委員会（座長・鈴木達治郎原子力委員会委員長代理）は、今後原発を動かし続けるよりも二〇年までに脱原発を達成し、核燃料サイクルもやめる方法が最もコストが安くなり、七・一兆円で済むとのコスト計算の結果を発表した。また同委員会は四月二七日にコスト計算をふたたび試算し直したが結論部分は変わらなかった。二〇年までに原発をゼロにし使用済み核燃料は地中埋設直接処分の場合は八・六～九・三兆円となり、最も安いコストで済むことには変更はなかった。再処理を絡めた従来の路線では四月一九日の試算よりコストが大幅に膨れあがることになったというものである。

◆――原子力最大のアキレス腱～高レベル放射性廃棄物処分

核燃料（ウラン二三五）は一グラムで石炭三トン分の巨大なエネルギーを生み出すとともに、二酸化炭素を排出しないというメリットをもつ。反面、放射性廃棄物という避けることのできない副産物を生み出す。ほかの産業廃棄物と違って、放射能をもっていることが最大の特徴である。もちろん放射能の強弱、寿命の長短の差はある。しかし、原子力からエネルギーを取り出す限り、またウラン資源の有効活用を図ろうとすればするほど、めんどうな放射性廃棄物処分問題が生まれ、解決すべき技術的課題と、危険性は高まる。ここに、原子力のジレンマの本質がある。

すでに一九五五年に開かれた第一回原子力平和利用国際会議に出席した政府代表団報告のなかに、次のように述べられている（団長・田付景一在ジュネーブ総領事ら五人の政府代表）。「現在の原子力工業における、大いなる悩みの一つは放射性廃棄物の処理問題である。現在のところ、土壌の内へ棄てるか、海の内へ棄てるかの方法が行なわれており、それについて多数の報告があった。これらの問題については工学方面の人びとから別に報告せられると思うが、医学の立場から言っても、はなはだ重要な事柄であった、放射性廃棄物の処理問題の可能性の限度はやがて、原子力工業発展の限度を決定するものといえよう」。これはいまから五七年前の報告だけに、その見識の確かさに驚かされる。

八一年放送、NHK特集「原子力　秘められた巨大技術（3）～どう棄てる放射能～」の取材時、原子力推進派は二〇〇〇年ごろにはいくつかの国で高レベル放射性廃棄物の処分問題は完了しているだろうと話した。通産省の官僚や動燃広報部長が語ったことは〝間違い〟であった。当時世界で最初に高レベル放射性廃棄物問題を二〇〇〇年ごろには達成していると見られている国は、アメリカであった。そのアメリカの現状は、どのようなものか。藤田貢崇に報告してもらう（本書一九一ページ「特別レポート❶　アメリカにおける原子力発電の現状」参照）。彼は八年前、私が「科学ジャーナリスト塾」の講師をしていたときの塾生として「高レベル放射性廃棄物の行方～アメリカのケースを中心に～」のチームのリーダーとなりネット上にまとめた。このチームには一般塾生としてノーベル賞受賞者の白川《しらかわ》英樹博士が参加してくださり、社会的に注目された。藤田は塾卒業後JST（科学技術振興機構）を経て現在法政大学教授である。

◆――暗礁に乗り上げている日本～トイレなきマンションの行方～

世界を見まわしても現在放射性廃棄物処分問題に取り組んでいる例として有力なのは、映画「一〇万年後の安全」（監督マイケル・マドセン）で有名な、フィンランドのオルキルオト島である。オンカロ（隠れた場所）と呼ばれる貯蔵施設を、地下四〇〇メートル以上の深さに建設中である。日本は高レベル放射性廃棄物を地層処分する方針であり、候補地を募集してきた。

応募した自治体は文献調査と概要調査を計六年ほど行なうだけで国の電源三法交付金が五〇億円ほど入る。そのあと最終処分地になることを拒否することも可能だ。これまで密かに地元の有力者や議員らに声をかけ交渉を進めたり、議会で検討されたりした所は、岡山県旧湯原町はじめ鹿児島県十島《としま》村など計一五カ所ほど（二〇〇七年まで）あった。しかしすべて住民たちの反対にあい、頓挫《とんざ》。その後、放射性廃棄物等の持ち込み拒否に関する条例などを制定してガードを固めている（原子力資料情報室）。正式に応募した地方自治体は高知県東洋町だけである。結局、町長は住民によりリコールされた。当時の高知県知事橋本大二郎（元ＮＨＫ記者、現早稲田大学客員教授）は自身のブログで「札びらでほっぺたを叩いて進めていく原子力政策はやめるべきだ」と激怒している。

たとえ高レベル放射性廃棄物の地層最終処分ができたとして、安心・安全レベルに達するまで、一〇万年から一〇〇万年はかかることになる（京都大学原子炉実験所助教・小出裕章）〔注11〕。

さらに、原子力社会が抱える問題として廃炉問題がある。廃炉とは寿命がきた原子炉を①解体撤去、②遮蔽管理または密閉方式により危険がないようにすることをいう。世界で最初の①による廃炉処理は米国初の商業炉、シッピングポート原発（ペンシルバニア州）が有名である。一九五八年から操業して二四年間で終了。現在、建屋は解体され更地となり、そこは一メートルほど土を削り取り、コンクリートで埋めたあと一〇センチほどの土をかぶせてある。解体された原子炉などは高レベル～低レベルの放射性廃棄物となる。②はチェルノブイリ原発の石棺が有名である。フクシマ原発は解体撤去方式がとられるが、メルトスルー原子炉の解体は人類史上初めてとなるため、放射線に耐えられるロボット開発などから始めねばならず、四基完全撤去までは五〇年ほどかかるとの見方が強い。

このように高レベル放射性廃棄物の問題は、軽水炉であれ、プルトニウム・リサイクル路線（核燃料サイクル）であれ、原子力エネルギー最大・最強の難題である。JCO臨界事故時、現場で直接指揮をとり、人間的にも信頼がもてる住田《すみた》健二（元原子力安全委員会委員長代理）にこの点を問うため自宅を訪れインタビューした〔注12〕。

住田は「学生時代、放射性廃棄物の処理・処分問題は重要だと思ったが、それよりも原子力エネルギーの魅力、発電を行なうアップストリーム（原発全行程中の上流部分）のほうに大きな魅力を感じた」といった趣旨を答えている。また、二〇一一年八月の「東日本大震災を公共哲学する」（第一〇四回公共哲学京都フォーラム主催）〔注13〕のコーディネーターとして佐藤栄佐久（前福島県知事）や野村大成《たいせい》（大阪大学名誉教授）らとともに住田健二も招き、二〇人ほどで学際的議論をしたことがある。このときにもこの点を問うたが、「地層処分をし、一〇〇年ごとに掘り出して管理する方法が考えられる。その管理は若い人や将来世代に任せたい」との発言に若い人からは即座に「それはいやだ！」とのリアクションがあり、平行線に終わっている。

日本世論調査会が一二年三月に実施した脱原発の意向調査によれば、「脱原発に賛成」と

「どちらかというと脱原発」を望む国民は八〇％であった。多くの世論調査も同じ傾向にある。

ほとんどの政党や政治家も表現の違いはあるが、原発の新規建設はあり得ないとしている。それでは再生可能エネルギーは脱原発の切り札となるのか。現状と課題について漆原次郎に報告してもらう（本書二〇一ページ「特別レポート❷　日本の再生可能エネルギーはいま～現状と課題を探る～」参照）。漆原は科学ジャーナリスト塾卒業後フリーのサイエンスライターとして活躍している。

◆――持続可能な社会をめざして～脱原発の工程表～

再生可能エネルギーは原子力や化石燃料などと違い、持続可能なエネルギーであり、原材料はコストゼロである。

日本はエネルギー資源がほとんどない。あの戦争、東アジア・太平洋戦争は「石油に始まり石油に負けた」といわれている。国の安全を守るために「エネルギー安全保障」は必要だ。また現在の科学技術基本法は倫理・哲学の方向性が不明瞭であるため、第一条に〝いのち〟と〝環境〟を守ることを最優先に明文化すること。安心・安全の理念・哲学のもと「科学技術創造立国」を実現し、平和国家として国際貢献するため持続可能エネルギーの技術革新を他国に先駆けて実現する必要があろう。ここでいう科学技術創造立国とは、鉄やコンクリート産業だけでなく、人間の生存に不可欠な安全な農業、食糧品を確保・維持することを最優先にする。

そのため、〝いのち〟の源を支える大気、大地、水、海洋、森林など生態系を侵さない範囲内で人々の暮らしを豊かにする科学技術でなければならないと思う。

欧州はこの一〇年ほどで再生可能エネルギーの発電量に求める割合を一五%増やした。ドイツやスペインは二〇%まで高めた。しかし、日本は一%のままだ。欧州に比べると、運動場でいえば二周ほどリードされているといえよう。この現状を飯田哲也《てつなり》〔注14〕や片野優《まさる》の著作『フクシマは世界を変えたか〜ヨーロッパ脱原発事情〜』（河出書房新書）なども参考にその一部を引用させていただきながら、まずはヨーロッパ先進国の脱原発の動向と再生可能エネルギーを地方都市などに取り入れ、注目されている具体例をみていくこととする。

ＮＨＫスペシャル「エネルギーシフト　第一回　電力革命がはじまった〜ヨーロッパ・市民の選択〜」〔注15〕で紹介したように、ドイツは二〇〇二年シュレーダー政権（社会民主党と緑の党の連立政権）が二二年ごろまでに原発を廃止することを決定し、再生可能エネルギー開発に邁進、風力発電はＩＴ産業に次ぐトップレベルの輸出産業に育成。雇用も確保した。しかしメルケル政権は産業界の意向をくんで廃炉期限を延長した。その直後、フクシマ原発が爆発。そのわずか二日後の三月一四日、原発稼動期間の延長を一時保留すると発表。翌一五日には旧型原発七基を三カ月停止、さらにすべての原子炉の安全を検査すると発表。世界を驚かせた。六月六日国内一七基すべての原子炉を二二年までに閉鎖することを閣議決定。このスピード感あふれる〝政治主導〟の決定は、同時進行的に実施される三つの州議会選挙でキリスト教党民主同盟（メルケル首相所属）が脱原発をかかげる緑の党に議席を奪われる危険性があったがためである。実際、緑の党は議席数を大幅に伸ばしメルケル政権は打撃を受けた。

現在ドイツは風力だけでなく太陽光エネルギーにも力を入れ、世界一の実績を誇っている。たとえば人口二〇万人ほどのフライブルク市は〝ソーラーシティ〟として脚光を浴びている。太陽光発電に関する三〇カ所の名称を記した「ソーラーシティマップ」を観光客に配布しているほどだ。市の周辺には環境関連の会社が一五〇〇社ほどあり、一万人が働いている。話題作りとして建築家ロルフ・ディッシュの設計〝ヘリオトロープ〟（ギリシャ語で「太陽に向く」の意）が有名である。この建物の屋上にはソーラーパネルが設置されており、太陽の動きに合わせて建物自体が回転する仕組みになっている。

日本科学技術ジャーナリスト会議（会長：武部俊一）では、毎月一回勉強会を開催している。二〇一二年六月の講師には北澤宏一（民間事故調査委員長）を招いた。北澤は世界の現状について触れ、原子力に比べ再生可能エネルギーは雇用が五倍ほど増えたと語った。増えた理由は、原子力はハイテクであるのに対し、風力はローテクのため労働力が必要になるためだという。

スイスもフクイチ爆発から二日後の三月一四日「原発の安全性と国民の健康を最優先したい」（ロイタルト環境・エネルギー相）と新規建設計画を当面凍結すると発表。五月二五日、政府は段階的脱原発政策を閣議決定した。三四年には五基ある原発はすべて閉鎖される。

イタリアはフクシマ原発爆発の影響を大きく受けた国の一つである。一一年六月、原発再開の是非を問う国民投票が行なわれ、再稼動に反対が九四・一％となり多数を占めた。その背景として、片野優は次の二点を指摘している。まず「真面目で誠実かつ技術大国」というイメージを持たれている日本で原発爆発が起こったからには楽天的なイタリアでは原発の安全を確保することは難しいと判断した点。そして投票の数日前にローマ教皇が「人類に危険を及ぼさないエネルギーの開発をすることが政治の役割だ」と述べた点である。イタリアの再生可能エネルギーは電源別で見ると全体の二〇％を占め、日本よりも多い。じつは世界最初の地熱発電は一九〇四年、イタリアのラルデレロである。現在年間二七〇〇ギガワット／時の電力を生産しており、これは一〇〇万世帯に相当する電力である。

原発推進の総本山といわれるＩＡＥＡ（国際原子力機関）の本部があるオーストリア。しかしこの国に原発はない。七八年、すでに国民投票でゼロを決めている。オーストリアは全体の総発電量の六〇％強を水力発電で補っている。この国は太陽光にも力を入れており、ＥＵ全体のソーラーシステムの設置面積の占有率は一位のドイツ（四一％）に次ぎ二位（一二％）。たとえば、グライスドルフ（オーストリア南部）では一〇〇を超える太陽光発電のオブジェが設置されている。また首都ウィーンに次ぐ第二の都市グラーツでは高速道路の防音壁にパネルの設置をするなど、ソーラーシステム開発に力を入れている。太陽光発電は現時点では効率が悪い（本書二〇一ページ「特別レポート❷」参照）。しかし「量子ドット」の基礎研究を三年前、東京大学生産技術研究所の荒川泰彦教授を訪ね撮影したことがある。荒川はフロントランナーとして総額一〇〇億円近い予算を獲得し研究を進めていた。技術はブレークスルーするとコストは下がり効率は飛躍的に上がる。地道な研究から生まれる技術革新におおいに期待したいと思う。

ヨーロッパ一の原発大国フランスのサルコジ大統領は日本嫌いで知られるが、二〇一一年三月三一日に来日した。なぜか。ヨーロッパ各国が脱原発に向かう潮流を危惧したからだといわれる。また一二年五月七日、フランス大統領選においてオランド氏が当選。これまでの「原発大国」の政策についても議論が行なわれようとしている。

ヨーロッパの大勢は脱原発の方向へ大きく舵を切ろうとしている。昨年七月にインタビューした河野太郎は「欧州気候フォーラム」「ドイツ連邦環境庁」「欧州再生可能エネルギー協会」などは、五〇年までに再生可能エネルギー一〇〇%を掲げ始めていると語った〔注16〕。

日本はどうか。一〇年、政府は三〇年までに原発をさらに「一四基以上」を新増設する方針を決めていた。合計で六〇基。稼働率九〇%という壮大かつ無謀と思える計画が国会および国民的議論を公開の場でじゅうぶんにすることなく決まっていた。官僚や原子力ムラの委員が主導し、絶対多数を占める委員会が答申する報告書をほぼ自動的に認めてしまう〝エスカレーター方式〟を改善しない限り「エネルギーデモクラシー」は育つことはない。本来は日本国の根幹をなす重要案件であるだけに、国民的議論や国会議員や全国知事、各市町村長らによる徹底討論やじゅうぶんな議論をカットすることは許されないはずである。現在見直しが進んでおり、夏ごろ政府案が提案されることになる。

◆――脱原発実現への道

脱原発を達成するためには次の七条件が必要条件になると思う。


一．エネルギーの拡大路線は認めず、節電と節電技術の飛躍的向上を図る。

二．電力会社による総括原価方式の撤廃。

三．電力の安定供給を保証するため、異なっている東西周波数を統一する。

四．発送電分離による地域独占体制を撤廃し、分散型・地産地消型に移行する。

五．二〇三〇年度までに一般企業や東京都の猪瀬直樹副知事が主導しているように、各自治体や各家庭などの自家発電普及率の「五〇％以上を目指す」として日本の政策に掲げる。

六．再生エネルギーの全量買い取り制度の長期継続政策を実施するなかで世界のフロントランナーとして再生可能エネルギーの技術革新を図る。

七．スマートグリッドの技術開発（スマートグリッドとは、電力の供給システムを改善・近代化して、ＩＴ技術により多様な再生可能エネルギーなどを自動的に最適化する先端技術のこと）。

表❸——電源開発促進対策特別会計　交付金交付額
（電源別、1975～2007年）

電源	交付額（億円）	比率
原子力	6.251.17	68.4%
火力	2.498.99	27.3%
水力 （うち純揚水）	352.65 (131.16)	3.9% (1.4%)
地熱	13.63	0.1%
その他	21.15	0.2%
合計	9.137.59	100%

（注）水力には揚水関連施設も含まれている。
〔出所〕第48回原子力委員会資料第1－1号「原子力政策大綱見直しの必要性について」大島堅一

以上の七条件を完全に満たすためには前提として以下の三つの点が必須である。

一点目は、まず日本国のエネルギー予算を全面的に変更することである。立命館大学教授の大島堅一によるとエネルギー予算全体に占める原発関連の予算は一般会計予算の九八％程度、特別会計の実質七〇％程度を投入している（表❸）〔注17〕。このいびつな予算配分を財務省は即刻あらため、原発に充てている資金を省エネ技術や再生可能エネルギーの研究開発やクリーン産業育成に振り分けることが必要だ。筆者は、脱原発を実現するためには、原発投入予算はエネルギー予算全体の五～一〇％にとどめ、九〇％以上は省エネ技術や再生可能エネルギーの革命的技術開発の基礎研究助成をはじめ上記の政策に使うことを提案したい。予算の構造的変革が最優先事案の一つだ。

二点目は、エネルギー安全保障を確保、多面的なエネルギーのベストミックスを図るため、在来型の天然ガスだけでなく、〇八年アメリカで起きたシェールガス革命や日本の近海の海底に多量に眠っているメタンハイドレードなどの非在来型の天然ガスの開発。加えて、潮力発電・波力発電、バイオマス発電、コージェネ、ゴミ発電、氷発電、宇宙太陽光発電など、あらゆるアイディアを実現するための基礎研究のさらなる充実、開発。そして、各メーカーによる個人用小型充電器付き凡力発電機などを開発し、コンビニで販売するなど〝個産個消〟のエネルギー政策を進める。

三点目は、脱原発を目指したヨーロッパ諸国（ドイツ、スイス、スウェーデン、オーストリアなど）がそうであるように、官僚と政治家たちの強い意志と具体的な政策が基本となる。人類史上初めてとなる〝福島原発連続爆発・メルトダウン〟事件で、従来の考え方を一八〇度変えた人も多い。

保守の論客として著名な西尾幹二《かんじ》（評論家）もその一人である。「保守と言われる知識人のなかに、どうして美しく保存されるべき豊葦原瑞穂《とよあしはらのみずほ》の国を、何万年にもわたり汚染してもいいと考えている人が少なくないのか、私には全く理解できない。それに、いかなる人の故郷も奪われてはならない。エネルギー問題をイデオロギーに囚《とら》われて争っていてはならない」（月刊『ＷＩＬＬ』一一年七月号「脱原発こそ国家永続の道」）。

いま、二一世紀に向かう私たちの社会は曲がり角にある。二〇世紀人類は科学技術を発展させ、人々の暮らしを豊かにし、文明を発展させてきた。反面、科学と社会のありようを根源から問われる二つの大きな〝負の遺産〟を抱え込むようになった。

一つは、「マンハッタン計画」で原爆が$E=mc^2$（アインシュタインによる質量・エネルギーの法則）の威力を証明してしまった事実である。〝原爆の父〟とアメリカ人から称えられるオッペンハイマーは一九四五年七月一六日、ニューメキシコ州アラモゴードで世界初の原爆実験（プルトニウム二三九使用）を成功させたあと「我は死神なり、世界の破壊者なり」と語った。水爆実験には反対し、米国の公職をすべて剝脱された。殺人兵器からスタートした核エネルギーは、たとえ平和利用・原発でも、原爆の材料、プルトニウム二三九やウラン二三五を生みだす。核拡散の危険にいま、世界は悩んでいる。

もう一つは、俯瞰《ふかん》性の科学を忘れ、効率と欲望の肥大化一辺倒で突き進んできたことである。二〇世紀の科学技術文明は地球上の二〇％を占める北の人々が世界のエネルギーの八〇％ほどを使い生活を豊かにした反面、胎児性水俣病や核のゴミ問題などの公害や地球環境問題を生んでしまったという事実である。その一方で、地球上の八〇％を占める南の人々は二〇％のエネルギーしか使えず、貧困に悩んでいる。国連ユネスコと国際科学会議はこうした世界情勢をふまえて一九九九年、通称「ブタペスト宣言」正式には「科学と科学的知識の利用に関する世界宣言」を発した。①知識のための科学、②平和のための科学、③開発のための科学に加えて、④「社会における科学」と「社会のための科学」を初めて公式に加えざるを得なかった。

原子力は原子力工学研究者にとっての夢だった。しかし、原子力は彼らだけのものではない。科学は科学者だけのものではないのだ。社会学者、心理学者、経済学者、医師などの専門家はもちろんのこと、一般人を含めた社会全体のものでもあるのだ。サイエンスの本来の意味は広義には自然科学だけでなく社会科学も人文科学も含まれるという。したがって、国民・社会の理解が得られない科学や技術はありえないし、STOPすることもありうるということだ。核と地球環境問題は人類が抱えこんだ二つの大きな負の遺産である。核エネルギーも含めて現在世代の私たちはどのような哲学・倫理をもって二一世紀を生きる世代により良き地球の未来と安心・安全の科学・技術を残せるのか、鋭く問われている。

※敬称は省略させていただきました。

〔注1〕各燃料にかかわる核種の循環を指す。広義には原発核燃料の製造から再処理廃棄を指す。再処理で核燃料としてプルトニウム二三九を取り出しリサイクルすることを指す。
〔注2〕「プルトニウム」と「サーマルリアクター（軽水炉）」の二つの言葉を合わせた造語。再処理工場で取り出したプルトニウムとウランを混ぜ新しい核燃料、MOX燃料として軽水炉で使用すること。
〔注3〕『正論』二〇一一年八月臨時増刊号（産経新聞社）
〔注4〕構成：清藤寧、津野和洋　制作：小野直路、川良浩和、林勝彦
〔注5〕リポーター：赤木昭夫　構成：林勝彦　制作：藤井潔
〔注6〕直径四六センチメートル、長さ一二メートル、重さ三・三トンのパイプ状の装置

〔注7〕キャスター：勝部領樹　構成：林勝彦　制作：洪上安司、郷治光義
〔注8〕司会：赤木昭夫　構成：林勝彦　制作：藤井潔
〔注9〕著者による自主映画プロジェクト。二〇一二年八月現在、二二章まで視聴可能。「映像作品『いのち』プロジェクト」URL⇒http://hayashieizousakuhinninochi-katuchan.blogspot.jp/　または「林勝彦　映像作品いのち」で検索
〔注10〕構成：堂垣章久、金秋利聖　制作：小野直路、川良浩和、林勝彦
〔注11〕映像作品「いのち」九章
〔注12〕映像作品「いのち」二一章、二二章
〔注13〕第一〇四回　公共哲学京都フォーラム主催（矢崎勝彦・金泰昌）九二年から〝将来世代〟をキーワードに活躍しているNPO。
〔注14〕『エネルギー政策のイノベーション』（学芸出版）、『北欧のエネルギーデモクラシー』（新評論）
〔注15〕キャスター：小出五郎　構成：浅井健博、神部恭久、矢野哲治　制作：田口五郎、高間大介、林勝彦
〔注16〕映像作品「いのち」三章
〔注17〕映像作品「いのち」一〇章

■参考文献……終章末尾に記載

特別インタビュー

踏み出せ、脱原発エネルギーへの道

環境エネルギー政策研究所所長
飯田哲也
（インタビュア：林　勝彦）

❖いいだ・てつなり――一九五九年、山口県生まれ。NPO法人環境エネルギー政策研究所所長、（株）日本総合研究所主任研究員、ルンド大学客員研究員。京都大学工学部原子核工学科卒業。東京大学先端科学技術研究センター博士課程単位取得満期退学。環境省・中央環境審議会、経済産業省・総合資源エネルギー調査会、東京都環境審議会など委員を歴任。自然エネルギー政策の先駆者として、自然エネルギー市場において国内外で活躍している。著書に『北欧のエネルギーデモクラシー』、『エネルギー進化論』、『1億3000万人の自然エネルギー』、『エネルギー政策のイノベーション』他多数。

◆——お粗末で低レベルなミスで起きた事故

林◎——さっそくですが、飯田さんは今回の福島原発事故、何がいちばんの原因だったとお考えですか。

飯田●——原子力ムラと呼ばれる、壮大なる無策、無能、無責任な体制というか、東京電力だけでなく、政府、原発御用学者、メディアも含め、全体としてまったく内実のある議論をしようとしてこなかった。そういう構造のなかで、まともな対応がとられないまま起こった、人災であり事故であるという認識です。

林◎——原子力ムラは癒着が進んでいることになりましょうか。

飯田●——癒着というほどの強い結びつきはありません。外からは、鉄壁の守りのようで利益で結びついているように見えますが、なかはまったくの空洞で、思考停止している状態。誰もが本質なところを問い直さないし、想像すらしない。だから、悪いとわかって癒着しているほうがまだましな状態かなと……もっとおそろしい事態だと思います。

とくに二〇〇四年以降の核燃料サイクルをめぐって、経済産業省も東京電力も内部が真っ二つに割れ、いわゆる改革派の人たちが一掃された。そしてソフトな人たちをまんなかに入れ、安全・安心、クリーンなエネルギーというイメージ戦略を推進してきた。非常にソフトでファシズム的で、かといって決してなかが万全で強固というわけではなく、ほんとうに空っぽの状態だった。

高速増殖炉「もんじゅ」の事故があり、東海村JCO臨界事故があり、それから二〇〇二年からあった各種トラブルは、GEのエンジニアが虚偽報告だと早くから警告したにもかかわらず、それも完全に覆い隠して、覆い隠すどころか東電に保安院から極秘に伝えられていた。さらには美浜の蒸気爆発（事故）があり、そして、二〇〇七年の柏崎・刈谷原発が地震に直撃された。今回の大事故にあと一歩で迫るようなことが連続して起こっていた。きわめてお粗末な、もう低レベルのミスが原因のものもあった。

今回の福島第一原発事故は明らかに必然といえる。それを冷静に省みることのない状況が、社会全体に蔓延していった。緩やかな空気と、一瞬青空が見えたような錯覚に陥り、なんの根拠もないのに国民も安全だと思い込んでしまう雰囲気がこの国にはある。

◆——停電させずに済む方策はあるのに

林◎——飯田さんは、どのようにしてこのマインドコントロールから目覚めさせ、立ち直らせていくべきだとお考えですか？

飯田●——基本的に障害となっているのは、「五つのない」。一つめは、政治家も官僚も、そしてメディアも、あるいはその司法も、場合によっては御用学者すら、いま何が起きているのか、事実や現実をキチンと確認しない。二つめが、そこで組み立てていくロジックというのが、論理的でない。そして三つめが科学的でない（最低限の科学的素養が必要ですが、かなりデタラメで、一〇〇ミリシーベルトまではむしろ健康になるなどといったとんでもない御用学者もいた）。そして四つ目が経済合理的でない（経済を成長させようという人たちが、経済合理的じゃない）。その四つのないのうえに、ややハードルは高めですが、規範的でないがくる。

その五つがそろうと議論の幅が自ずから狭まってくる。水準も高く狭まってきたところで、そこから先のベクトルをどうするか。そこで初めて、右だとか左だとか、方向性が決まる。経済成長、経済融資っていうのは、その先にある話だと思う。その足もとがデタラメだから日本の議論っていうのは、そのトンデモ話とまともな話が同じテーブル上に乗って、その両極を振れている。規範的でないは、百歩譲って、あとでもいいわけですが、せめて最初の四つの要素はベースにないと話は始まりません。

林◎――原発を全廃しても電力不足にはならない、とおっしゃる学者が何人かいますが、真偽のほどはいかがでしょう。

飯田●――あくまで計算上のことでしょう。原発を止めることを前提にした場合、できないことはないというレベルの話だと思います。私はもう少し現実的に考えたい。原発を止めることが最大の目的ではなく、温暖化の問題もありますし、化石燃料をバンバン使用すればエネルギーコストはきわめて高くなる。もちろん、原発そのものも核廃棄物のコストとか事故のコストとか当然入ってくるので、すべてのコストを勘案すれば非常に高いものにつく。そこはある程度バランス感覚をもって見るほうがいい。

二〇〇三年のことですが、東京電力は管轄するすべての原発を停止させたことがある。たまたまその年が冷夏だったという幸運も寄与しましたが、なんとか原発なしでしのぐことができた。いま、電力会社と政府は、原発を止めると夏場は停電になると脅しをかけている。これは国民を愚弄《ぐろう》する行為です。停電させずに済む方策をもっていながら、こんなことをいうわけですから。

具体的な方策としては、すべての火力発電所をたちあげるのも選択肢の一つ。でもそれに私は与《くみ》しなくて、むしろ徹底的な節電、省エネ政策の推進を図りたい。それは決して我慢《がまん》するだけの節電ではなく、いわゆる戦略的な需要側管理というか、要は利便性を捨てなくても、企業が使う電力をもっと大幅に削減できる。それを確実に減らして、もちろん不足したら使って、両方のバランスをとりながら、需要と供給両面で管理していく。そうすればまったく問題なくできるはず。

◆──脱原発先進国として手本とすべき国は？

飯田●──また、一般家庭の電気料金が一〇〇〇円程度高くなるというのは、いわゆる御用学者の単なる所見にすぎない。彼らがいっているのは、自然エネルギーを増やす前提で話をしている。原子力を減らすこととは、表裏一体ではありますが……。

じつは二〇〇八年のリーマンショック時、原油価格が一四八円まで値上がりしたことがある。日本経済全体では二三兆円も化石燃料を輸入して、GDPの五%程度をキャッシュで海外に支払った事実がある。すでにこのとき、一般家庭の電気料金が一〇〇〇円程度上がっている。ですから、過去にも実例があったわけです。過去の事実と、今後の論理的推論をすると、原発を止めることが化石燃料のコストを増やすのではない。進めてきた化石燃料依存型のエネルギー政策が、問われている。以前、化石燃料が急騰したので、家庭に負担分を転嫁したという事実がある。この先も急騰する化石燃料依存をどうするのかが問題であって、原発を止めることが問題ではない。

化石燃料依存型エネルギー政策を考えるとき、原発を進めることが表裏一体でくっついているわけではない。あくまで、それはオプションの一つ。それ以外にも自然エネルギーがある、省エネルギー政策がある。そのときに電気料金が一〇〇〇円上がることだけではなく、原子力発電そのものが問題ではないか。そう考えていくと、原子力発電というオプションは消える。省エネルギーと自然エネルギーにしぼれるのではないか、というのが論理的な帰結になる。そういう全体像を示さずに、電力会社と政府が、ただ電気料金が一〇〇〇円上がるっていうのは、相当悪質な犯罪行為だと思う。

林◎——私たちは飯田さんの本も参考にして、二〇〇〇年ごろに「エネルギーシフト」というNHKスペシャル番組を作りました。いま、まさにおっしゃったように、一番めが節電で、代替エネルギーを開発していく。当時、ドイツはいろいろいわれたけれど、努力して風力発電で世界一位レベルにして、IT産業に次ぐ産業に育成していった。三〇万人の雇用創出も実現している。一方で、原子力推進派からは、隣国のフランスから原発エネルギーを買っているのに、という声もありました。

飯田●——それはまったく事実無根です。じつはドイツはフランスに電気を売っている。フランスはドイツ、ベルギー、イタリアに電気を売ると同時に、買ってもいる。ドイツから見ればフランスにも売り、その他のいろんな国に売り、またいろんな国から買っている。

ドイツとフランスだけの関係で見ても、フランスの売りより、ドイツの売りのほうが勝っている。ドイツが売る電気の量のほうが明らかに多い。フランスは原発で発電した電気を安くたたき売って、その代わりピーク時の需要を埋めるため、ドイツなどから電気を高く買っている。量で負けていて、金額でも負けている。それがドイツとフランスの偽りない現実です。

林◎——飯田さんの脱原発への工程表によれば、二〇五〇年までにほぼ再生エネルギーだけでやっていけるとか。脱原発先進国として手本となるような国がありますか。

飯田●——やはりドイツでしょう。アンゲラ・メルケル首相は、三・一一が起きてわずか四日後に古い原発を止めるという素早い対応をした。その後、倫理委員会で国民参加の開かれた場を通して、脱原発路線でいくことを決めた。実績としても、二〇〇〇年に決めた電力に占める自然エネルギーの割合は、六％だった。この一〇年を振り返ってみると、倍増どころか三倍増の一七％まで増やしている。二〇二〇年には自然エネルギーの割合を四〇％までと、飛躍的に伸ばそうとしている。しかも国内政治を見ると、緑の党が一部の州で第一党になるなど、社会全体が代替エネルギーへの転換を容認している。開かれたデモクラシーの国であり、目標とすべきモデルとしてドイツは注目だと思いますね。

◆■――あきれかえる御用学者のでたらめぶり

林◎――日本には原子力基本法というものがあって、いってみれば憲法のようなものですが、そこで規定されている「民主、自主、公開の平和利用三原則」ですが、これがまったく踏みにじられている気がします。分析するまでもなく民主的ではないし、自主といっても、非公開というか、原子力ムラの阿吽《あうん》の呼吸で決まっていく。今回事故の起きた原発は、アメリカのGE製で、核心部分は日本が独自開発したものではない。もっとも深刻なのは公開で、情報公開しない、嘘をつく、ごまかす、捏造《ねつぞう》するで、国民のあいだにも不信感が芽生えている。

飯田●――まさに原子力ムラの本質です。日本人は抽象思考とそれを現実の社会の仕組みのなかに落としていくことを切り離して平然としている。

つまり、民主、自主、公開っていう抽象的な概念を、具体的な社会の仕組みのなかに落とし込むとき、まったく反対の状況が生みだされていたとしても、それを直結して考えない。これは日本人の悪癖だと思います。どちらかというとリベラルな知識人は、現実に行なわれているえげつない政治や行政政策に対して、現実にコミットする力が弱かったのではないか。司法、とくに行政官僚は、知の世界からはほど遠い政治で、現実は現実だと、とにかくどんどん推《お》し進めていってしまう。

双方のギャップが積み重ねられてきて、結果として、原子力基本法の民主、自主、公開の三原則と、いまの現状というのが、違っていると問題意識をもつ人すらいないという現実がある。その抽象理念を現実化する知恵と、それをきちんと受けとめる誠実な政治、行政というその両方が欠けている。規範性がないっていうのは、前述した「四つのない」があって初めて出てくるもの。その前提がないわけで、お話にもなりません。この体質はかつての水俣病騒ぎの当時からまったく変わってない。

林◎――私もＮＨＫに入って最初の赴任先が山口。五年いまして、当時、徳山湾などで公害問題が話題になったころでした。

飯田●――まさにそこで私自身、大気汚染の被害者でした。あのころの徳山と四日市は、大気汚染防止法に固有名詞で書かれている。田舎から徳山の街なかに出たのが一九七〇年。ちょうど万博の年で大気汚染が一挙に進んだときだった。街に出て二週間もしないうちに急性気管支喘息で入院したほど。

林◎――山口大学の野瀬善勝先生（当時、日本で唯一のＷＨＯの専門委員）について公害キャンペーンをやりました。大気汚染、水質汚染、それにそのころ、胎児性水俣病が気になっていたので、休みをとって取材しました。あのユージン・スミスさんが「入浴する智子と母」を撮るなど、世界に向けて水俣病の実態を発信された。取材してみて、次の世代に負の遺産を引き継いではならない、という強い思いがしました。それ以後、公害から環境問題、一九七二年の国連人間環境会議から九二年のリオのサミットなど、生と死の問題と原発の問題を追いかけてきた。「放射線の人体に与える影響」ということで、チェルノブイリだとかTMI（スリーマイル島）だとか高レベル放射線廃棄物だとか、プルトニウムの許容量だとか、難問山積でたいへん危惧しています。

飯田●――御用学者はデタラメですからね。放射能はまったく影響ない、とかいいきる。科学者の風上にも置けません。影響は現在のところよくわかっていません、というのが正確な言い方で、影響がないといいきってしまうとは、むちゃくちゃです。

◆――国民を愚民視する官僚たち

林◎――今回、とくに腹が立つのは、責任者の顔が見えないこと。誰が、国民の〝いのち〟を守るのか。終章で触れた東京大学先端科学技術センター教授の児玉龍彦のような人はいなかった。

飯田●――私はいつも「東映太秦《うずまさ》映画村」と形容しているのですが。つまり、表面的には二一世紀の先進国を装っているけれど、皮一枚めくったらベニヤ板とハリボテでできている。裏側は未開の国家と一緒ですよ、この国のルールというのは。顔の見えない、独裁者のいない独裁国家のようなもの。いちばん確かなというか、奥にあるのは、匿名に逃げ込む官僚とかですね。

林◎——官僚はなぜそうなってしまうのか。たとえば京都議定書のときにも、通産省は原発を二〇基造らなければといった。さらに国民の幅広い支持、議論がないまま、将来五〇％は高速増殖炉でカバーすると、私たちジャーナリストを集めた勉強会ですでに決まっているようなニュアンスで話していた。

飯田●——官僚と一緒に仕事をしてきて、すべてとはいいませんが、組織全体で共有されてる価値観は、国民を見下す愚民視です。それが根底にあって、国民の生命財産を守るなどという価値観は基本的に教育されていない。

その昔でいえば国体を守る。いまでいうと実体のないある種の省益確保です。陸軍と海軍がそれぞれ軍役を守ったような、国体といいながら実体は陸軍だ、海軍だ、というのと非常によく似ている。かつての沖縄に象徴されるように、国民をすり潰しながら自分たちは生き延びていくという構図もそっくり。

だから国民からのオブジェクション、水俣病、ＨＩＶ、薬害エイズなど、国民からの訴訟は極めて冷酷に退けようとする。国民の生命・財産を守るべき国が訴えられたら、それをとにかく退けるという構図がある。

林◎——司法が荷担しているとしか思えない。

飯田●――司法の裏側には結局、司法官僚の存在がある。彼らは上から目線で見下す。そして国民の生命・財産ではなく、抽象概念としての省益を守る。それが脈々と受け継がれ、組織的な価値観が共有されている。

官僚側から見ると、首相はお客さん。彼らは自分の省庁内部、または霞が関は霞が関で一体となりつつも、しかし経産省、財務省など自分たちの省益を守ろうとする。政治家に対しては霞が関として対峙し、霞が関のなかでは今度は省庁同士、厳しくバトルするという構図がある。結局、民主党の政治家たちは、官僚組織を動かした経験がない。当然ながら、動かすことの怖さと力を知らない。むしろお客さんとして官僚組織にポンと乗ってしまった。ガンダムの外で戦うより、ガンダムの運転席に座ったほうが楽なわけです。ガンダムに見放された人たちは、自分たちで積み木をするしかない。ガンダムに乗ってしまうか、無視されるか。そのじゃじゃ馬をどう乗りこなしていこうかという知恵がない。政治家って一匹狼でやるか、辻立ちしてくだらない演説をするか、そんなことばかりやっているから、大きな組織を動かすための知恵がない。

◆――この国の宿痾《しゅくあ》、致命的な欠陥とは?

林◎――オバマ大統領や、IAEAの天野さん、皆さん共通しているのは、原発はCO_2を出さないクリーンなエネルギーだというスタンス。私たちは原発に関して、NHKで最初の大型企画NHK特集「原子力　知られざる巨大技術」という番組をシリーズ三部作で制作しました。原子炉のなかに初めてカメラを持ち込んだのが第一作目。二作目はスリーマイル島事故が起こったとき。私が担当したのが、「どう捨てる、放射性廃棄物」というテーマで、高レベル放射性廃棄物をどうするかに迫った。この過程で、これはそうとう危険なものだと知りました。汚いものは溜まっていく。よく形容される「トイレなきマンション」ですね。他にも「夢の原子炉　常陽《じょうよう》」といわれていた高速増殖炉の番組も作りました。もちろん私たちが使う〝夢〟の意味は皮肉を込めての命名ですが。

飯田●――悪の原子炉っていったほうがいい。早く止めないとだめです。

林◎――また、NHKスペシャル「プルトニウム大国日本～核燃料サイクルの夢と現実」という番組も制作しました。現実を見すえると〝夢〟であることはわかります。しかし、どうして止めないのでしょう。

飯田●――それはやっぱり先ほどの官僚システムの存在です。戦時中、軍は、時代遅れになった巨大軍艦を造り続けた。圧倒的な空軍力の前には無力な「戦艦武蔵」や「戦艦大和」を造った。いったん、ゴーサインを出して造り始めると、ストップして離脱できない。結局、最終的に戦艦大和は、三三〇〇人以上の乗員を乗せ、沖縄に向け出港した。犬死にするのがわかっていながら。この、犬死にさせてしまうこの国の政治というか、わかっているのに止められないというか。これはまさにこの国の宿痾といってもいい致命的な欠陥です。

林◎――太平洋戦争のときも、がんばったのは最前線で戦った兵隊さんでした。

飯田●――それはノモンハン事件のときに、まさにソ連軍のジュウコフが指摘していることです。日本の下士官以下は、世界まれにみる勇猛果敢な軍人であると。しかし、参謀とか大将、将軍は、世界まれにみる無能で臆病な人種であると喝破している。間違った計画を、優秀な人が過剰に達成しようとするから、悲劇を生む。だから方向性が間違っているのに、いわゆる思考停止した壮大なる官僚システムは、それを達成するためにあらゆる手段を駆使する。

結果として、巨大な「戦艦武蔵」や「戦艦大和」を造り、犬死にさせてしまう。同様に、高速増殖炉「もんじゅ」を造り、六ヶ所村に核燃料サイクル基地を造り続けてしまう。全体を問い直す、大きな英知をもっている人はいない。

林◎――再処理工場だってきわめて危険。一〇〇万キロワットの軽水原子炉どころの危険度ではない。

飯田●――そうです。ドロドロの燃料が溶けてパイプのなかにあるわけで。

林◎――ドイツの生フィルムを観ましたが、これはそうとうに危険だと思いました。高木仁三《じんざぶ》郎《ろう》さん（理学博士、原子核化学専攻）も書いていますが、ドイツの公的機関がシミュレーションしたら、一〇〇キロ圏内では致死量の一〇倍~二〇〇倍の放射能で、最大三〇〇〇万人が被曝の危険にさらされる。そういう事実も知らない。当時、動燃（動力炉・核燃料開発事業団）や原研（日本原子力研究開発機構）の優秀な人間に聞いても、知らないっていう。知らないフりをしたのかな。

飯田●――いや、何も知らない可能性はありますよ。優秀だと思われた人間が、全体が見えていないことは多い。いまは原子力ムラだけがクローズアップされていますが、実際は、あらゆる分野で同様のことが起きている気がする。医療、科学技術、国際政治、教育関係など、他分野でもこの壮大なる知的空洞化が起きている。この国は底割れしつつあるわけで、その象徴として今回の福島原発事故が起きたのではないかと思う。

◆――脱原発エネルギーへの移行は必然

林◎――このような状況下で脱原発というのは可能でしょうか。

飯田●――「五ない」の第一、事実を冷静に見つめ確認すれば、必然的に脱原発にならざるを得ません。原子力発電所はなくなる。これは、原発推進派の人にとっては厳しい現実で、原発を撤廃したい人にとっては、もっと早くできないのかというフラストレーションはあるかもしれません。それはまさに国民が決めることで、国民投票をするなり、あるいは政治決着があるかもしれない。それは、これから先のわれわれの選択ですが、遅かれ早かれ原子力発電は急速に減っていく。

まず大前提としてそれがあって、否が応でも原子力以外のエネルギー源にわれわれはこれから突進していくしかない。化石燃料に頼ろうとすると、地球温暖化の問題がある。もう一つは日本経済を直撃する化石燃料のコスト高ですね、これから急激に高くなっていく。そうすると化石燃料に依存するのは、大きな青写真には入ってこない。唯一、過渡的には天然ガスを、コジェネレーションといって電気と熱の両方使って効率を高める。こういう使い方は、これから三〇年、四〇年、場合によっては一〇〇年という期間では使える。だから石油と石炭から、これは早急に離脱しなければいけない。

もう一つは省エネですね。省エネは、暑い、暗い、を我慢する省エネではなくて、エネルギーを使って達成する。利便性を維持するための効率を飛躍的に高める省エネ、エネルギーの効率化を図ることですね。

あるいはデマンドサイド・マネージメントという。アメリカの省エネの神様エイモリ・ロビンスは、「ファクター4」といっている。これはいまある技術を社会全体に適応すればエネルギー効率は四倍まで高められる。だからいまの豊かさでエネルギーを四分の一にできるし、あるいは経済成長でエネルギーのサービスを二倍にしながら、エネルギーの消費量を半分にできる。それが「ファクター4」ですね。

また、ドイツの省エネの神様シュミット・ブレイクは、「ファクター10」といっている。明日の技術というのは、数年以内の技術だと思うのですが、最新技術を社会全体に適応すれば、効率を一〇倍にできる。だからエネルギー消費量を一〇分の一までにできる。いきなりは普及できないにしても、たとえばわれわれに提案したのは、そういう省エネを一〇年間で、いま使用している電力の二割減ぐらいまでにはもっていける。そのレベルまでなら、楽に達成可能だと思う。

四〇年後の二〇五〇年ごろまでには半分までもっていく。それは決して、暑く、暗く、我慢する省エネではなく、いま味わっている便利さを維持したままの省エネです。われわれにとって歴史的な幸運は、自然エネルギーが第四の革命といわれていること。いうならば、農業、産業そしてIT革命に次ぐ第四の革命として分散型の自然エネルギーが、爆発的な普及期に入っているということ。

この普及期が、代替エネルギーのみならず、いわゆる新しい産業革命としての非常に大きな役割を果たしている。これからさらなる発展が見込めるはず。現在、原子力と化石燃料という二つの氷が、急速に溶け始めて岸から遠ざかろうとしている。ここに、自然エネルギーという薄氷が張ろうとしている。この機を逃さず、この自然エネルギーに大きくジャンプしなければいけない。いずれにしても、氷は急速に分厚くなっていくので将来的には安心していい。これにジャンプをすることが、まさに未来を創っていくことになる。

そのためには、政治と政策とそして地域の自立が必要不可欠だと思う。消費は、たとえば東京で一〇〇パーセントはたいへんなので、地域は逆に自然エネルギーを東京に売る。これまでは収奪型、植民地型の原子力開発だったのが、こんどは地域がオーナーシップでやることによって、その自然エネルギーを自給するだけではなく、それを東京に売る。地域はその利益を得ていくことができる。だから新しい生産物として自然エネルギーは、地域が軸となって開発していくということが大事だと思う。

政策として優先順位からいえば、まず第一に、自然エネルギーの買い取り制度ですね。そして、送電線の接続義務というか、買い取り義務ですね。発送電分離はもうちょっと先の話なので、まず買い取り義務が最初。それと、地域のオーナーシップです。地域の人たちが、自主的な事業として行なうってことが地域に便益をもたらすことになる。ドイツやデンマークの風力協同組合みたいにね。

林◎――なるほど、一に省エネと省エネ技術開発、二にクリーン・エネルギーや蓄電・蓄熱技術などによる分散型・地産地消型エネルギーシステムの構築がいかに大切かということですね。「必要は発明の母」です。世界から不可能といわれた「マスキー法」（排ガス規制）を逸速くクリアしたのは本田技研工業のチームでした。日本の科学者、技術者は、この分野でもフロントランナーとして活躍し、国際社会に貢献して欲しいと思います。きょうはお忙しいところ、本当にありがとうございました。

（二〇一一年七月）

特別レポート❶

アメリカにおける原子力発電の現状

藤田貢崇

❖ふじた・みつたか――一九七〇年、北海道生まれ。科学ジャーナリスト。北海道教育大学卒業、同大学院修士課程、北海道大学大学院博士課程修了。専攻は宇宙物理学。公立・私立高校理科教諭、英国系研究コンサルタント会社研究員などを経て、現在防災科学技術研究所で派遣研究員として勤務。現在、法政大学経済学部教授、『Nature』公式翻訳者。

◆——苦悶するアメリカ、ユッカマウンテン

原子力発電所から生じる高レベル放射性廃棄物（核のゴミ）の最終処分は、人類史上初めて、アメリカ・ネバダ州のユッカマウンテンで行なわれると考えられていたが、現時点ではその結末は極めて不透明になった。というのも、ユッカマウンテンの処分場は、操業の是非をめぐって連邦政府とネバダ州との裁判にまで発展し、オバマ政権はユッカマウンテンの核燃料廃棄物保管施設建設を白紙撤回したためだ。

最終処分の操業開始が長引くにつれ、日々増え続ける高レベル放射性廃棄物を一時的に保管する施設が必要となった。この一時保管施設の建設計画をめぐり、アメリカ建国の歴史にも絡む、原住民族の意外にも思える積極的な誘致活動があったことはほとんど知られていない。さらに、オバマ政権の決断により、二カ所の一時的保管施設を計画する法案が一一年六月にアメリカ議会に提出された。このアメリカにおける放射性廃棄物処分に関する原住民問題を中心にした視点から、放射性廃棄物処分地選定の諸問題を報告する。

現在、日本では放射性廃棄物の最終処分候補地を公募している段階にある。その一方で、処分地選定にあたって、他国でどのように選定されたか、その事実を住民が知る機会はほとんどない。アメリカの現実を知ることは決して無駄ではないと考える。

◆――アメリカにおける高レベル放射性廃棄物処分への道のり

一九五四年の原子力法は、電力会社に原子力発電の推進を促すため、高レベル放射性廃棄物は政府が責任をもって処分することが定められた。八二年の放射性廃棄物政策法により、処分候補地の選定が始まったが、処分候補地の選定は当初の予定とは大きく乖離《かいり》し、受け入れ表明自治体がなかったり、連邦エネルギー省（ＤＯＥ）が選定した地区の民間団体や連邦議会議員の反対により、選定作業は大幅に遅れた。

八〇年代後半になり、法令で定められた九八年の廃棄物処分開始の見通しがつかないことに焦りを感じた電力会社は、政府に対し強力に処分地の選定を迫り、また処分場建設までにはさらに期間が必要であるため、中間保管施設に関する法整備を迫った。連邦政府は八七年、改正放射性廃棄物政策法（俗にいう「ネバダ州いじめ法」）を成立させ、強引とも思える方法でネバダ州ユッカマウンテンのみを候補地とした。

一方、環境保護の観点から、ユッカマウンテンを抱えるネバダ州や関連団体はさまざまな処分場建設の反対運動を行ない、併せて連邦政府などに対し一三件もの訴訟を起こした。ユッカマウンテンは、原住民族にとって聖地であり、また産業廃棄物を多く受け入れてきたという経緯もあり、放射性廃棄物はなんとしても拒否したかったためだ。判決は、ＤＯＥが定めた「ユッカマウンテンでの環境放射線が安全基準を満たすべき期間は処分後一万年」とした環境放射線防護基準の見直しを要求するものであった。

その後、二〇〇二年には法律に規定された手続きに基づいて、ユッカマウンテンを最終処分場とすることが決定された。この手続きは、DOE長官から大統領に対してユッカマウンテンを候補地として推薦し、大統領が連邦議会にサイト推薦を通知する、というものであった。地元のネバダ州知事が不承認を通知したにもかかわらず、立地承認決議案が連邦議会で可決されたのち、大統領の署名により、ユッカマウンテンが高レベル放射性廃棄物最終処分場として法的に決定されたものである。

その後、DOEからの処分場建設に関する許認可の申請書に基づき、米原子力規制委員会（NRC）によって安全審査が行なわれることになっていたが、先の裁判によって放射線防護基準の見直しや、予算の大幅な減額などによって手続きが大幅に遅れた。〇八年になってDOEはNRCに対して約八六〇〇ページにも及ぶ許認可申請書と最終補足環境影響評価書などを提出し、NRCが正式に受理したことから、安全審査が開始された。しかし、〇九年一月に発足したオバマ政権は処分場建設のための許認可申請を取り下げるという方針を示した。一〇年三月にはDOEが許認可申請を取り下げる申請をNRCに提出したものの、同年六月にNRCはその取り下げ申請を認めない決定を行なった。ところがNRC委員でその対応について意見が分かれ、一一年九月、ユッカマウンテン処分場の建設認可にかかわる許認可申請書の審査手続きの停止を指示するという事態になっている。

紆余曲折を経た米国の高レベル放射性廃棄物処分場建設であるが、結局、現時点ではその許認可のところでストップしていることになり、二〇一〇年一月に専門家による「米国の原子力の将来に関するブルーリボン委員会」(ブルーリボン委員会)を設置し、将来的な対応策を検討している段階である。一方で、DOEの許認可申請の取り下げ申請に対して、原子力発電所などの原子力施設を擁《よう》する州などは反対意見を表明しており、訴訟となる可能性もはらんでいる。

◆――なぜネバダ州ユッカマウンテンなのか

八二年の放射性廃棄物政策法では、候補地は九地点あったが、候補地の自治体などの反対によって選定に至らなかった。その後の八九年の改正法では、ネバダ州ユッカマウンテンと〝指定〟されたが、なぜユッカマウンテンであったのか。当時からネバダ州には産業廃棄物処分場や軍の核関連施設を抱えていたことも一因である。さらに、歴史的なアメリカ東部に住む人びとに対する差別意識を無視することができない。ワシントンやニューヨークなどの「東部の人びとがアメリカ全土を支配している」という歴史政治両面での構造的差別の一つである。また、アメリカ有数の産業である自動車産業に絡む、排気ガス規制の法案の仕返しの結果であるということもいわれている。

◆──MRS計画

八二年の放射性廃棄物政策法で定められる最終処分施設を建設するまで、増加する放射性廃棄物に対応するための「一時的な核廃棄物の収納などを行なう」施設を建設する計画が、MRS計画である。連邦政府の核廃棄物交渉局から、全州・郡・部族政府に対して施設誘致のための協力要請が送付された（九一年）。助成金が支払われることもあり、複数の部族政府や自治体が名乗りを挙げ、なかでもメスカレロアパッチ部族（ニューメキシコ州を居留地とする）は誘致先の有力候補といわれた。

しかし、このMRS計画は九三年、連邦政府の政治的な理由により代替策のないまま一方的に打ち切られる。メスカレロアパッチ部族は、その後は電力会社と個別の交渉を続けるものの、部族内で賛成派と反対派の抗争を招き、さらには州・連邦レベルの論争を経て、理由を公開されないまま、部族と電力会社の交渉は決裂した。この時点で、スカルバレイゴシュートインディアン部族が、唯一の高レベル放射性廃棄物の受け入れ候補となった。

◆──一時保管施設に求めるものとは?

スカルバレイゴシュートインディアン部族は、荒野のなかにひっそりと生活している部族であった。先住民族は、歴史的に所有している民族固有の土地を自由に利用できるとされた「ルビーバレイ条約」が、名目だけの条約であることに不満をもっていた。彼ら部族も例外ではなく、さまざまな迫害を受けてきた民族の一つである。貧困にあえぐ生活のなかで、自分たちを救う唯一の道を放射性廃棄物中間貯蔵施設の誘致にかけ、MRS計画が打ち切られたあとに組織された、民間核燃料貯蔵社（PFS）との交渉を始めた。

民族は、PFSでの雇用と、現金収入を願ってPFSとの契約を結んだが、客観的に見て契約内容はあまりにも民族側に不利といわざるを得ない。しかし民族側はあとになっても、この事実を認めようとせず、PFSに絶対の信頼を寄せている。PFSもホームページで、この契約は極めて友好的で、また計画自体に何も非がないとの記載をしている。

この契約の対象となったPFSの事業計画は、建設操業申請が連邦政府原子力規制委員会（NRC）に提出され、最終的な判断は原子力安全・認可委員会（ASLB）に一任され、環境影響評価書の発表を待つこととなった。結果的にASLBは、隣接するヒル空軍基地等の戦闘機が「中間貯蔵」施設に墜落した場合の安全性がじゅうぶんではないとしてPFSの申請の一部を却下した。その後、再申請が行なわれたものの、手続き上の不備ということで再度却下されている。この背景には、空軍・ペンタゴンが、軍事演習の縮小等に反対しているという意思が反映されているといわれている。現在、このPFSによる計画も事実上、凍結状態になっている。

スカルバレイゴシュートインディアン部族が願っている雇用や収入は、事実上ほとんど見込むことができない。にもかかわらず、彼らがPFSと契約を継続する理由はなんであろうか。彼らにはこれまで虐げられてきた歴史があり、この機会が民族の自主的な決断を表明できると考えているらしい。彼らは、自分たちが貧しいから、あるいは社会的に弱者だから、またお金のためにPFSとの契約を結んだと見られることを強く嫌っている。しかし、その一方で、連邦政府が先住民族を構造的な差別に追い込んだのを否定することはできない。また、歴史的事実としては否定できない面はあるが、アメリカ東側住民の「東部の人間がアメリカを支えている」という、西側住民への差別的意識は、エネルギー問題にも反映している。序章（一四、一五ページ）の地図からわかるとおり、アメリカ国内の原子力発電所は多くが東側に集中しているが、廃棄物処分（候補）地はアメリカ西部に集中している。東側の住民が使うための電気を作る原子力発電所からの廃棄物を、東側で処分しようという意識は希薄である。アメリカの廃棄物政策は、このような先住民族への差別意識が絡んだ、非常に微妙な問題であることを、しっかりと認識しておくべきであろう。

◆――原子力発電におけるさまざまな課題

現状の日本の原子力発電においては、国民生活に深く関係するエネルギー問題であるにもかかわらず、原子力発電が放射性廃棄物の処分問題という最大の課題を抱えながら、また国民のコンセンサスが得られないままに、原子力政策が推進されていることを各種世論調査が示している。日本で原子力発電が計画されたころは、科学者・技術者など科学技術の専門家と、市民が対話する「科学技術コミュニケーション」という考え方は浸透しておらず、科学技術に関する政策に対して市民が意見を述べる機会は限られていた。

現在では、日本各地でサイエンスカフェなどのイベントや、研究者自らが研究内容を市民に伝えるなど、科学技術コミュニケーションが根づきつつある。さらに「科学技術コミュニケーター」と呼ばれる人材が育成され、専門的なコミュニケーションスキルをもった人材が、科学技術を市民に伝えようとさまざまな活動を行なっている。これらの活動が定着することにより、市民全体の科学リテラシーの向上が期待できる。この科学技術コミュニケーションで大切な点は、「相互理解」である。

また、科学ジャーナリズムの役割も重要である。福島第一原子力発電所の事故の前にも、電力会社による事故隠しなどの不祥事が相次ぎ、国民の原子力政策に関する不安の要因になっていることが、世論調査から明らかになっている。電力各社や関係省庁にとって不都合な事実を当事者が隠すことは論外であり、いまの原子力発電はどのように行なわれているのか、定められた規定どおりに点検などが行なわれているのか、さらには放射性廃棄物の処分政策の現状などをジャーナリズムが伝えることで、市民が判断する材料となる。「どのような将来を選択するのか」ということを私たち市民一人ひとりが考えるために、情報が提供されなければならない。

後世まで長く残されてしまう放射性廃棄物の処分場選定をはじめ、原子力政策が国民のコンセンサスを得ることができるか、あるいは太陽光や風力などの新エネルギーにシフトしていくのか、政策の選択の主役は国民であることを改めて認識すべきではないだろうか。将来世代にどのような環境を伝えることができるか、いま、私たちは問われている。

■参考文献

石榑顕吉「安全研究フォーラム2010」http://www.nsc.go.jp/forum/2010/siryo/3-1-J.pdf
石山徳子『米国先住民族と核廃棄物―環境正義をめぐる闘争―』(明石書店)

特別レポート②

日本の再生可能エネルギーはいま

――現状と課題を探る

漆原次郎

❖うるしはら・じろう――一九七五年、神奈川県生まれ。サイエンスライター。大学卒業後、数研出版入社、理工書の編集者を経て、フリー記者となる。早稲田大学大学院科学技術ジャーナリスト養成プログラム修士課程修了。日本科学技術ジャーナリスト会議理事。

◆――狩猟型から農耕型へ

「これまでのエネルギー利用は、〝狩猟型〟だった。一瞬で大量の餌を得るように、発電所で一挙に大量のエネルギーを獲得してきた。しかし、狩猟型社会は増大する人口を支えることができなかった。これからもエネルギーの消費量が増えていくとすれば、その社会を支えるのは、やはり〝農耕型〟の再生可能エネルギーであるに違いない」

これは、風力エネルギーの研究者が語っていた言葉だ。人間は、自らの選択で狩猟型社会から農耕型社会に踏み出し、その結果、繁栄を手に入れた。同じことが、これからのエネルギー社会に求められている。

農耕にも、育てる種は、米、麦、野菜、果物と数多くある。同じように、再生可能エネルギーも種類は多い。それぞれに風土に合った特徴があり、国内外での普及度合も異なる。また、克服すべき課題も違えば、研究開発者が描いている夢の技術もさまざまだ。

では、日本の再生可能エネルギーは、風土に適した特徴や、研究開発の芽をじゅうぶんに活かす形でここまで進んできているのだろうか。

ここでは、二〇一一年八月に可決した「再生可能エネルギー促進法」の対象である、太陽光、風力、水力、地熱という主要な再生可能エネルギーについて、基本原理などとともに、日本の置かれた現状を見ていく。浮かび上がってくるのは、太陽光発電の普及に一点集中するあまり、他のエネルギーでは、世界の先進国に大きく引き離されているという現実だ。

◆――太陽光発電～求められる技術革新～

再生可能エネルギーといえば、日本では太陽光発電が代名詞となっている。そのしくみも「日本人好み」といえるのかもしれない。受け身でじっとしながら太陽の光を待ち、電気というエネルギーに地道に換えていくという、日本人の美学に通じる点があるからだ。このあとに登場するエネルギーに比べて、太陽光発電はおとなしいエネルギー利用法といえる。

「二つの半導体をくっつける」というのが、太陽電池の基本構造だ。一つめの半導体は、n型。「n」は「negative」、つまり「負」の意味で、電子が豊かであることを示している。もう一方の半導体は、p型。こちらは「positive」、つまり「正」で、電子が欠けやすい。

p型とn型の半導体をくっつける。そして、光を照らしてみる。すると、n型とp型の半導体の境目あたりに変化が起きてくる。n型では電子が、p型では電子の欠けた正孔が、それぞれ溜まっていくのだ。電気を得るには、このn型とp型の半導体に橋渡しをしてやればよい。回路でn型とp型を結ぶと、n型に溜まった電子が回路を通って、p型の正孔に向かいだす。この電流から電気エネルギーを取り出して使うわけだ。

いま、多くの家庭の屋根に見られる太陽電池の原型が作られたのは一九五四年のこと。米国ベル研究所の研究者ジェラルド・ピアソン、ダリル・シャピン、カルヴァン・フラーによる発明だ。ベル研究所は新聞記者たちを招待し、強い日差しの下で、太陽電池で小型無線機を動かすという演示実験をした。翌日のニューヨーク・タイムズ一面は、大見出しでこう飾られている。「砂成分を使ったバッテリーで、太陽の大きなパワーが叩き出された」。

この「砂成分」こそが硅素《けいそ》、つまりシリコンだ。いま普及している太陽電池の半導体を構成する主材料である。七〇年代以降の半導体エレクトロニクス産業を支えるとともに、太陽電池の半導体材料としても使われ続けてきた。現在も太陽電池の主流はシリコン系太陽電池である。

米国生まれではあるが、シリコン系太陽電池の開発・製造は、その後、日本のお家芸になった。太陽電池と日本の関係をたどると、七四年に始まった通商産業省（現在の経済産業省）主導による「サンシャイン計画」に行き着く。当初は太陽熱発電に力が注がれたが、採算性が見合わない。そうしたなか、八〇年代前後、薄膜シリコンを使う太陽電池の技術開発が進み、太陽光発電の気運が日本でも高まっていった。

サンシャイン計画の期間中である八〇年代は、日本の半導体産業の全盛時代でもあった。こうして、シャープ、京セラ、三洋電機などの電機メーカーが、高い半導体技術をもとに高効率の太陽電池を開発していった。日本企業は、海外企業を向こうにまわし、二〇〇〇年代前半までシェア争いで優位に立ってきたのである。最近は、海外企業の攻勢に押され気味ながら、今後も日本企業の太陽電池への熱の入れようは変わらないだろう。

しかし、日本における普及度合を世界各国との比較のなかで見てみると、ドイツやスペイン

図❶——世界主要国の太陽光発電累積導入量の推移

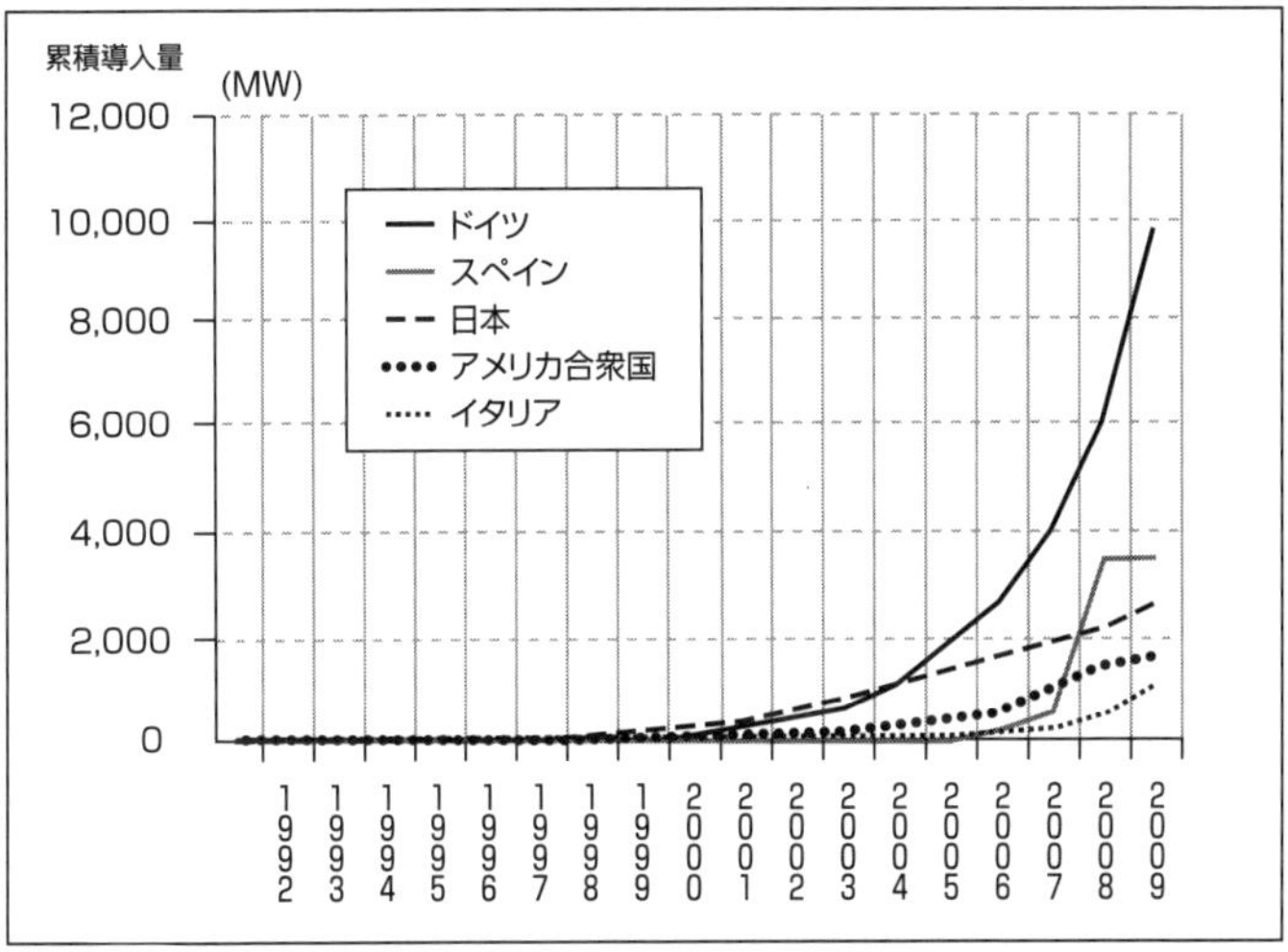

〔出所〕Photovoltaic Power System Programme / IEA-PVPS 2010

などの国に大きく引き離されているという現状がある。〇九年における国別の太陽光発電の設備容量シェアを再生可能エネルギー政策ネットワーク（REN21）の『自然エネルギー世界白書二〇一〇』で見ると、ドイツが四七％と圧倒的に高く、次いでスペインの一六％、日本の一三％、米国の六％、イタリアの五％と続いている。日本はドイツに〇四年、スペインには〇七年に追い抜かれた。

ドイツは、市民などが再生可能エネルギーからつくった電力を決まった価格で長期にわたり電気事業者に売ることのできる「固定価格買取制度」（フィード・イン・タリフ、FIT）をいち早く実施した。FITが要因となり、〇五年には太陽電池導入量でそれまで世界一だった日本を抜いた。また、スペインは国の補助政策により太陽電池の普及促進をはかってきた。ただし、急速な普及が国の財政を圧迫し、補助制度の見直しを迫られるに至っている。

強調しておきたいのは、ドイツ、スペイン、それに太陽光設備容量シェア第四位の米国などは、風力などほかの再生可能エネルギーの導入を進めるなかで、太陽光発電はその一部と位置づけている点だ。対して、日本は、国内の再生可能エネルギー普及の主役を太陽光発電に担わせようとする現状がある。

エネルギー全体を見たときの太陽光発電の貢献ぶりはどのくらいか。REN21の『自然エネルギー世界白書二〇一〇』によると、〇八年に地球全体で人間が生み出した電気エネルギーを一〇〇とすると、そのうちの約三%が再生可能エネルギーによるものだった（水力の一五は除く）。再生可能エネルギーの三%を、また一〇〇にしてみると、このなかでの太陽光の発電容量は八%ほどだった。風力五二%、小水力一九%、バイオマス一八%、地熱三%といった再生可能エネルギーに比べてみると、「思ったよりも規模は小さいのだ」と意外に感じる人も多いのではないだろうか。

次世代を担う太陽電池の技術開発は進んでいる。シリコン系太陽電池がこれからも主役を張り続けるかというと、そうとも限らなそうだ。シリコン系太陽電池には、ある〝限界〟が近づいているからだ。

太陽電池には、三つの技術的要素がある。量産化の技術、薄膜化の技術、そして変換効率向上の技術だ。いずれの要素も向上すれば太陽光発電の電力コストダウンにつながり、ひいては太陽電池の普及促進につながる。だが、現在のシリコン系太陽電池では、三要素のうち、変換効率の壁が迫っているのだ。太陽光にはさまざまなエネルギーをもつ光が含まれている。すべての光が電気に変換できればよいが、エネルギーの低い光は太陽電池に吸収されず、エネルギーの高い光は無駄な熱になってしまう。米国の物理学者ウィリアム・ショックレーらは、太陽光を電気エネルギーに変換できる理論的限界を「約三一％」と算出している。一方でシリコン系太陽電池の変換効率向上技術は進み、研究ベースで二三％台まで達した。限界が見えてきているのだ。

この限界を避けて変換効率をさらに高めるには、技術革新が必要となる。その究極の切り札と目されている未来技術が「量子ドット型太陽電池」だ。

量子ドットは、「原子核のない人工原子」と説明されている。自然界に無数ある原子では、原子核が電子の動きを強く束縛している。一方、原子核をなくした量子ドットでは、電子が自由に動ける距離が広がる。そのため、量子ドットを制御すれば、電子を簡単に取り出して発電に利用することができる。また、量子ドット自体をポテンシャル障壁という〝壁〟で囲い込むことで、量子ドットの大きさを制御することができる。量子ドットの大きさは、受け取る光エネルギーの高さと関係するので、量子ドットの大きさを制御できれば、光の取りこぼしが少なくなる。結果として、究極的には変換効率を七〇％台まで高めることができる。

ただし、いまは技術より理論が先行している段階。実用化までにクリアしなければならない課題はある。量子ドットの大きさの均一化はその一つだ。大きさがばらばらな量子ドットが混在するとじゅうぶんな電圧が得られなくなる。量子ドットを直径二ナノメートル（ナノは一〇億分の一）程度の寸法で揃えて作る超微細加工技術が必要となる。こうした技術は日本が得意としているもの。太陽電池の開発で日本の微細加工技術の力が発揮されるかどうかが、普及の道への鍵となる。

◆■◆――風力発電～日本企業の潜在力～

風力発電のしくみも、自然界のエネルギーを受け止めて、人の使う電気エネルギーに換えるという点では太陽光発電と変わらない。だが、自然エネルギーの受け止め方は、風車の回転という動的なものだ。では、風が電気にどのように換わるのだろうか。

プロペラ型の風車では、ブレードとよばれる羽根が風を受け止める。ブレードが風を受けると、揚力が働いて押し上げられる。ただし、ブレードはハブとよばれる軸で留められているので、風を受ければ回転することになる。

ハブの後ろには、ナセルという大きな容器が付いていて、このなかに発電に至るまでのさまざまな機器が入っていて、働いている。まず、軸の回転数を高めなければならない。ハブによる回転数は一分間で数十回転ほど。このハブからの回転数を高めるため、回転軸にギアと呼ばれる歯車を嚙《か》ませる。これによって、回転数は一分間で一五〇〇回ほどになる。回転数が格段に増した回転軸を発電機が受け止めて、ここで電気エネルギーに変換する。

ドイツの物理学者アルバート・ベッツは、風力エネルギーを運動エネルギーに変換するとき、風車を通過したあとの風の速さが三分の一になったとき、最も変換効率がよくなるということを計算で導き出した。そのときの最大効率は二七分の一六、つまり約五九・三%となる。しかし、実際の風車では、空気抵抗の問題などから、五九・三%には達しない。風力を運動エネルギーにする段階で、最大でも四五%ほどだ。さらに、電気エネルギーに変換するときにも損失があるため、風力エネルギーから電気エネルギーへの変換効率は四〇%ほどとなる。

風力発電装置は、シリコン系太陽電池の開発よりさかのぼること六三年、一八九一年にデンマークで誕生した。気象学者のポール・ラ・クールは、同国南部のアスコウにある国民高等学校に赴任すると、風車を使って水の電気分解を促すことで電気エネルギーを生じさせる方法を考えだし、実験をしたという。これが、風力発電の誕生の瞬間だ。

より現代の風力発電装置に近いものもデンマークで誕生した。一九四七年、電力会社技師のヨハネス・ユールが風力により交流発電を行ない、その電気エネルギーを電線網に組み入れる提案をし、実証実験を行なった。ちなみにユールは、ラ・クールが開いていた「地域のための電気技術者養成講座」に通っていた弟子の一人である。ラ・クールやユールの開発に国が支援する形で、デンマークは風力発電の技術を高めていった。

一方、日本では風力発電は人びとにとって縁遠いものであり続けた。サンシャイン計画が始まった七〇年代前半、風力発電は自然エネルギー戦略に含まれていなかった。同計画で風力発電が技術開発の対象となったのは七六年のことだ。翌七七年、ようやく日本電信電話公社と東海大学がそれぞれ風車の実験機を設置し、風力発電の研究開発が始まった。七八年には、科学技術庁（現在の文部科学省）が、ゴルフ場などに風力発電装置を設置してカートの充電などを試す「フートピア計画」を実施した。だが、再生可能エネルギーの技術開発において、このころから風力は傍流に置かれていた感がある。

現在、世界では確実に風力発電が普及している。二〇〇九年末の国別の累積導入量は、米国が一位で三五ギガワット。原子力発電所およそ三五基分の計算だ。次いで、ドイツ、中国、スペイン、インドと続く。一方日本はというと、世界一三位で、同年末で二一八五メガワット。米国の二〇分の一ほどでしかない（図❷）。

世界と日本の風力普及率の差は、再生可能エネルギーの普及度合でしばしば比べられるドイツやスペインとの違いを見れば一目瞭然だ。ドイツでは、電力供給量に占める太陽光発電の割合が一・一％なのに対して、風力は約六倍の六・五％（〇九年）。スペインでは、太陽光二・六％に対して風力は約八倍の二一％だ（一一年三月）。日本はといえば、太陽光〇・二％に対して、風力は〇・三％（〇八年度）。太陽光より風力のほうが割合が高いことに驚く人もいるだろうが、ドイツやスペインとの落差にはさらに驚かされる。

図❷——世界主要国の風力発電導入量の推移

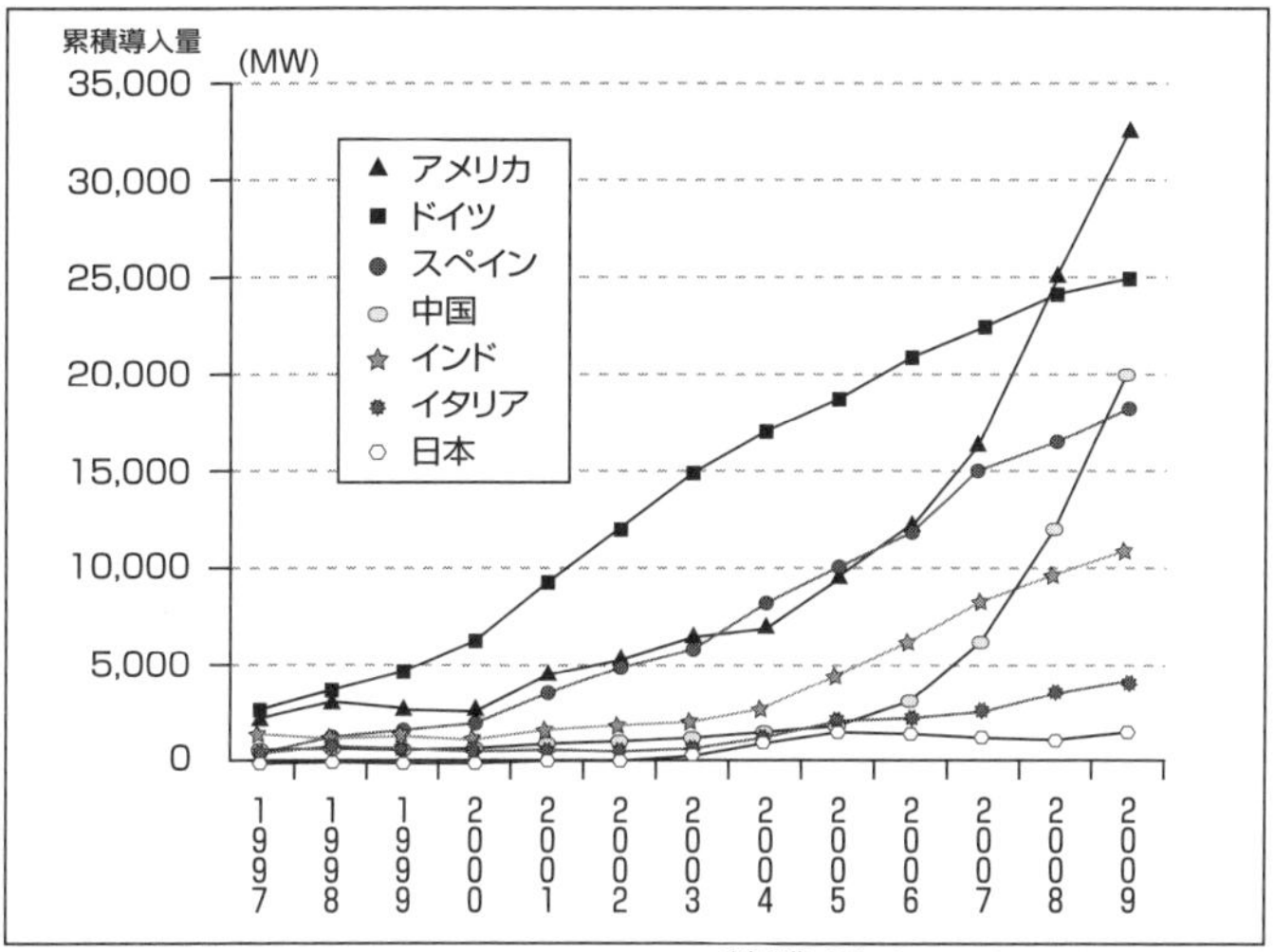

〔出所〕Windpower Monthly 1998-2010

では、日本の風土は風力発電に向いていないのだろうか。ここで鍵を握るのが、次世代風力発電技術の開発だ。国土が狭く、風向も変わりやすい陸地はさておいて、「日本の近海に風車を浮かべる」という構想がある。

まず、日本に風力発電の潜在力があることを示唆するデータが相次いで示されている。

NEDO（新エネルギー・産業技術総合開発機構）は、日本の海岸から三〇キロ以内、水深二〇〇メートルまでの海域で年平均風速七メートル以上の風が吹くという条件で、利用できるエネルギーの量を試算した。結果、約一二億キロワット。海を風車で満たすわけにはいかないので、この海域の四%を風力発電に利用したとして、設備利用率を三〇%とすると、原子力発電所一八基分のエネルギーが得られる計算になる。

環境省も一一年四月、再生可能エネルギーを導入した場合の発電量の見込みを発表している。洋上風力の導入ポテンシャルは、NEDOの試算を上まわる一六億キロワットとはじき出されている。ちなみに、陸上風力の導入ポテンシャルは二億八〇〇〇万キロワットだった。

太平洋側では、陸上に比べて風は南北方向に一定に吹く傾向があると指摘する研究者もいる。こと海上に関しては、風の条件は考えるほど悪くはないのだ。

一方、海の深さは課題となる。水深一〇〇メートルから二〇〇メートルの大陸棚が広がる日本近海では、風車の支柱を海底に突き刺す方式は不利とされる。水深六〇メートル以上になると、支柱式のコストが急にはね上がるからだ。そこで、風車を海に浮かべる「浮体式洋上風力発電」の開発に期待がかかってくる。風車を浮き台などに乗せて浮かせてやる方法だ。すでに国外では実用化が始まっており、ノルウェーのスタヴァンゲルから一〇キロの海には、スタトイルハイドロ社製の浮体式風車「ハイウインド」が浮かんでいる。風車が風や海流で流れていかないようにするため、海底に置いた重りとケーブルによって係留する方式だ。日本でも、日立造船（Hitz）、三菱重工業、IHIグループのアイ・エイチ・アイマリンユナイテッド（IHIMU）などが、浮体式洋上風力発電システムの研究開発を急いでいる。

風力発電の〝実力ぶり〟が日本の海上でも発揮される日は、そう遠くないのかもしれない。

◆——水力発電〜時代はダム不要の小水力発電へ〜

水力もれっきとした再生可能エネルギーである。水力発電で使われる水は、自然界で起きている現象から繰り返し利用することができる。地球全体で考えれば、水が枯渇することもない。火力や原子力と並んで古くからの主流な発電方式であることや、ダム建設が環境破壊を招いてきたことから、水力は「新しくてクリーン」という再生可能エネルギーの印象から外されがちなのかもしれない。

一方で、ダム建設などの大規模工事を必要としない「小水力」と呼ばれる小規模な水力の発電利用が関心を集めている。基本的なしくみは、大規模水力発電と変わらない。重力のある地球上では、水は高い所から低い所へと落ちていく。この現象を利用して、水を高い位置から流し、水力タービンとよばれる装置を回転させて、電気エネルギーを取り出す。エネルギーの視点でいうと、「位置エネルギー」から「運動エネルギー」を経て、「電気エネルギー」に換えるわけだ。出力の規模により呼び方が異なり、一〇〇〇キロワットから一万キロワットまでは「小水力」、一〇〇キロワットから一〇〇〇キロワットまでは「ミニ水力」、一〇〇キロワット以下は「マイクロ水力」と呼ばれている。さらに一キロワット以下のごく小さなものは「一兆分の一」を意味する接頭辞「ピコ」から「ピコ水力」と呼ばれることもある。

世界では、欧州が小水力先進地域だ。EU加盟国内の小水力発電所は一万四〇〇〇カ所以上、合計の出力は一〇ギガワット以上。原子力発電所一〇基分の出力を、一万四〇〇〇ほどの分散型発電でまかなっているわけだ。

また、東南アジア各国は小水力に熱い期待を寄せている。送電線が引かれていない地域がまだ多いからだ。ラオスやベトナムなどでは、出力〇・五キロワットの「ピコハイドロ」と呼ばれる、高さ一メートルほどの水力発電装置が市販されており、電気の自給自足が行なわれている地域もある。

日本では、小水力以下の規模の水力発電所は、「日本自然エネルギー政策プラットフォーム」(JREP)の『再生可能エネルギー白書二〇一〇』によると、〇九年時点で一一九八基。発電容量は合計三二二五メガワットで、水力発電の発電容量全体の六・六%となっている。民間企業の工場などが自家発電用に使っていた水力発電施設を、商社が譲り受け、改修したうえで引き続き利用するといったケースもある。つくった電力を、地元企業などの大口需要家が買うのだ。ただし、水利権をめぐる問題が複雑なため、発電所設置のための申請書作成や、申請受理までの時間がかかりすぎるといった課題も生じている。

小水力やマイクロ水力ならではの技術開発もなされている。「水中タービン発電機」はその一つ。円筒形の容器のなかに、小型プロペラ水車と発電機が入っており、水が流れている場所に置くだけで、プロペラがまわり発電する。技術はスウェーデンのクリフト社が先行しており、日本ではイームル工業が同社から製造・販売権を取得。中国電力川平第二発電所などで運転中だ。

「ターゴ水車」も話題になっている。流水をノズルから噴出させて、その噴出水を水車の羽根車の斜めから当てる方式。負荷が軽い点や、高い回転数を得られる点が特徴。田中水力は、一〇〇〇キロワット規模の出力のターゴ水車の国産化に踏み出した。砂防ダムからの流路に設置するターゴ式水車をすでに受注している。

◆――地熱発電〜火山大国・日本は地熱の宝庫〜

太陽光、風力、水力はみな、エネルギーの源をたどれば太陽に行き着く。一方、地熱発電のエネルギー源は地球そのものである。

果物を真っ二つに切るように、地球を輪切りにしてみると、地殻の下にはマントルが、さらにその下には外核と内核があることがわかるだろう。地球内部では、ウランやトリウムなどの天然放射性元素が崩壊しており、このときに生まれた熱が地熱のおもな発生源となるのだ。一一年、東北大学ニュートリノ科学研究センターが「液体シンチレータ反ニュートリノ観測装置カムランド」を使って調べた結果、地球には放射性物質起源の熱エネルギーは二一兆ワット分ほどであることがわかった。

この地熱の一部がプレートの境目付近にできるマグマの熱である。マグマだまりからマグマが地上に噴き出てくるのが火山だが、マグマだまりからはマグマのほかに熱をもった蒸気も地

図❸——主要国における地熱発電設備の発電能力と推移

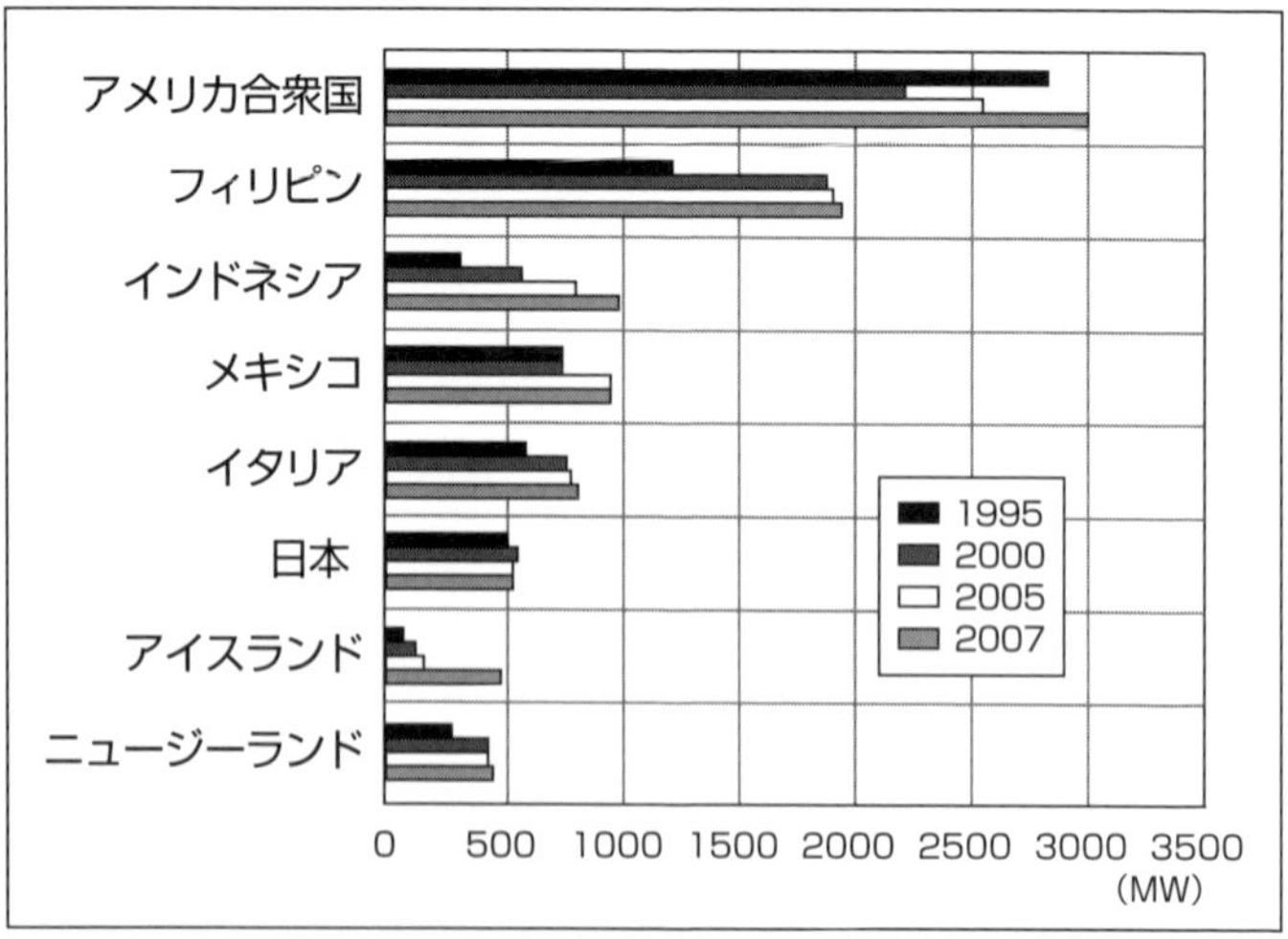

〔出所〕Bertani 2007/国際エネルギー組織(IEZ)2008

表に向かってくる。この熱い蒸気をじょうずに誘導して、最終的に電気エネルギーに換えるのが地熱発電だ。

マグマだまりのまわりには、マグマによって熱せられた水や水蒸気が溜まった「地熱貯留層」がある。この層まで管を突き刺すと、勢いよく蒸気と熱水が噴き出てくる。地熱発電に必要なのは蒸気のほうなので、熱水は発電所内の装置で分けて地中へ還す。一方、蒸気のほうは発電所内のタービンに送られる。あとは、風力発電や水力発電と同じように、タービンの回転によって電気が生み出される。

火山や温泉も、地熱貯留層も、もとをたどればマグマだまり。よって地球上の火山・温泉の多い場所と地熱発電に適した場所は重なり合う。世界では二〇カ国で地熱発電が行なわれており、合計の発電容量は約八ギガワット。原子力発電所八基分ほどだ。米国、フィリピン、メキシコが、地熱発電容量の一位から三位となっている。とくにフィリピンは、すべての電力設備の一四％以上を地熱発電所に頼っている、地熱活用国だ。

日本も火山国。地熱は豊富にある。しかし、地熱を活かしきっているとはいえず、合計一八カ所の地熱発電所の発電容量は五〇万キロワットと、原発半基分に過ぎない。開発リスクとともに、開発できる場所が国立公園内であることから、景観との対立といった問題も生まれている。一九九六年以降、国内の地熱発電容量は頭打ちの状態だ。

日本政府は二〇一一年後半になり、ようやく、地熱発電の利用拡大をめざすための規制緩和策をとりまとめる方針を明らかにした。通常一五年とされる地熱発電の開始までの開発期間を、一〇年に短縮することをめざすという。

一方で、地熱発電の技術開発では日本企業も貢献している。注目の技術は「バイナリ発電」。摂氏二〇〇度以下の温度の低い熱源から熱水を取り出し、水より沸点の低いペンタンなどの媒体を温めて蒸気を生み出す。これによってタービンをまわすのだ。国内では九州電力と川崎重工が共同で小規模バイナリ発電の実証実験を進めている。

◆──日本の未来にどう活かすか

再生可能エネルギーは、常に変化する自然環境からエネルギーを捻出しなければならない。

つまり、一種類で人びとの活動すべてを請け合うようなものではないのだ。火力、原子力、水力が主流だったこれまでも「エネルギーのベストミックス」の重要性はいわれてきた。再生可能エネルギーの普及率が高まれば、ベストミックスはますます重要な課題となる。

これまでの半導体技術や太陽電池技術の蓄積を活かし、太陽光発電に再生可能エネルギーの一翼を担わせる。このことは、今後もおおいに続けていくべきだ。

それとともに、「日本は太陽光発電だけに力を集中させるべきではない」ということも付け加えておかねばならない。太陽光発電に傾注するあまり、〝真の実力〟をもつ別の再生可能エネルギーがその力を発揮する好機を失うとすれば、国の大きな損失になる。世界が風力発電の技術を高め、風力発電の普及に向けた施策を次々と打つなか、日本は太陽光発電の技術のみをせっせと高め、太陽光の普及のみを考え続ける。その結果、世界に大きく遅れをとる。そんな未来を迎えてはならない。これまで普及に力を入れてきた再生可能エネルギーには引き続き力を、これまで普及に力を入れてこなかった再生可能ネルギーにはより大きな力を注いでいかなければならない。

■参考文献

二一世紀のための再生可能エネルギー政策ネットワーク（REN21）編、環境エネルギー政策研究所（ISEP）訳

『自然エネルギー世界白書二〇一〇』
エネルギー総合工学研究所『新エネルギーの展望 風力発電 再改訂版』
北嶋守「デンマークにおける風力発電機の普及と産業化のプロセス」(『機械経済研究』No.39)
環境省地球環境局地球温暖化対策課『平成二十二年度 再生可能エネルギー 導入ポテンシャル調査 概要』
大川豊、矢後清和「浮体式洋上風力発電の開発」
自然エネルギー政策プラットフォーム『自然エネルギー白書二〇一〇要約版』
古賀康正「小水力発電とその普及の展望」
新エネルギー財団新エネルギー産業会議『低炭素社会に向けた水力発電のあり方に関する報告書』

■参考記事
ニューヨーク・タイムズ一九五四年四月二六日付 "Vast Power of the Sun Is Tapped By Battery Using Sand Ingredient"
AFPBBニュース二〇一一年四月一日付「スペインの風力発電、最大の電力供給源に」
東北大学ニュートリノ科学研究センター二〇一一年七月一九日付「地球反ニュートリノ観測で判明、『地球形成時の熱は残存している!』」
読売新聞二〇一一年一〇月一二日「地熱発電の利用拡大、開発規制緩和へ…政府方針」

■参考ホームページ
http://www.mhi.co.jp/products/expand/wind_data_0104.html
http://www.mhi.co.jp/products/expand/wind_data_0101.html

http://www.japanfs.org/ja/pages/029812.html
http://www.env.go.jp/earth/ondanka/shg/page03.html
http://www.mizu.gr.jp/kikanshi/mizu_28/no28_e01.html
http://earthsciences1.juniorhighschool-science.net/volcano/index.php
http://wwwsoc.nii.ac.jp/kazan/J/QA/sr/qa-2179.html
http://www.geothermal.co.jp/etc/geo03.htm
http://release.nikkei.co.jp/detail.cfm?relID=290030&lindID=5

特別レポート❸

放射線の人体への影響

——チェルノブイリから何がわかったか

林　勝彦

◆――世界で最初の被爆国

放射線は、「原発」でも「医療放射線」でも「原爆」でも同じである。

正式な宣戦布告がアメリカに届く前に真珠湾奇襲攻撃で始まったあのアジア・太平洋戦争末期、アメリカ軍が広島・長崎に原爆を投下。次世代を担う小児・胎児たちも熱線、爆風とともに強烈な放射線を浴びせられ、世界で最初の被爆国となった。被爆者はその年末までに、約二〇万人が死亡した。敗戦後七〇年ほどたったいまなお、被爆者は〝原爆症〟に苦しんでいる。

アメリカは原爆投下から二年後の一九四七年三月、放射線が人体に与える影響を長期にわたり科学的に追跡する「ABCC（Atomic Bomb Casualty Commission：原爆傷害調査委員会）」を立ちあげた。治療目的ではなく、血液採取などによる検査目的の機関であったところから、吸血鬼・モルモット扱い、と批判もされた。しかし、その結果得られた膨大なデータは世界一貴重なものとなり、現在では国連をはじめ世界各国で軍事利用、平和利用の区別なく活用されている。七三年「放射線影響研究所」と名称を変え、日本人理事長のもと日米平等で運営されることになる。〝原爆〟という核心になる二文字は消えた。その時期をとらえ、筆者は科学ドキュメンタリー・あすへの記録「原爆症～二万人のカルテ～」〔注1〕を制作し、当時のアメリカ側代表の研究者・ビービー博士や被爆二世の遺伝的影響、染色体異常を調査している第一人者・阿波章夫博士らにインタビューした。要点を簡潔にまとめると、

放射線と肺がんの経年推移

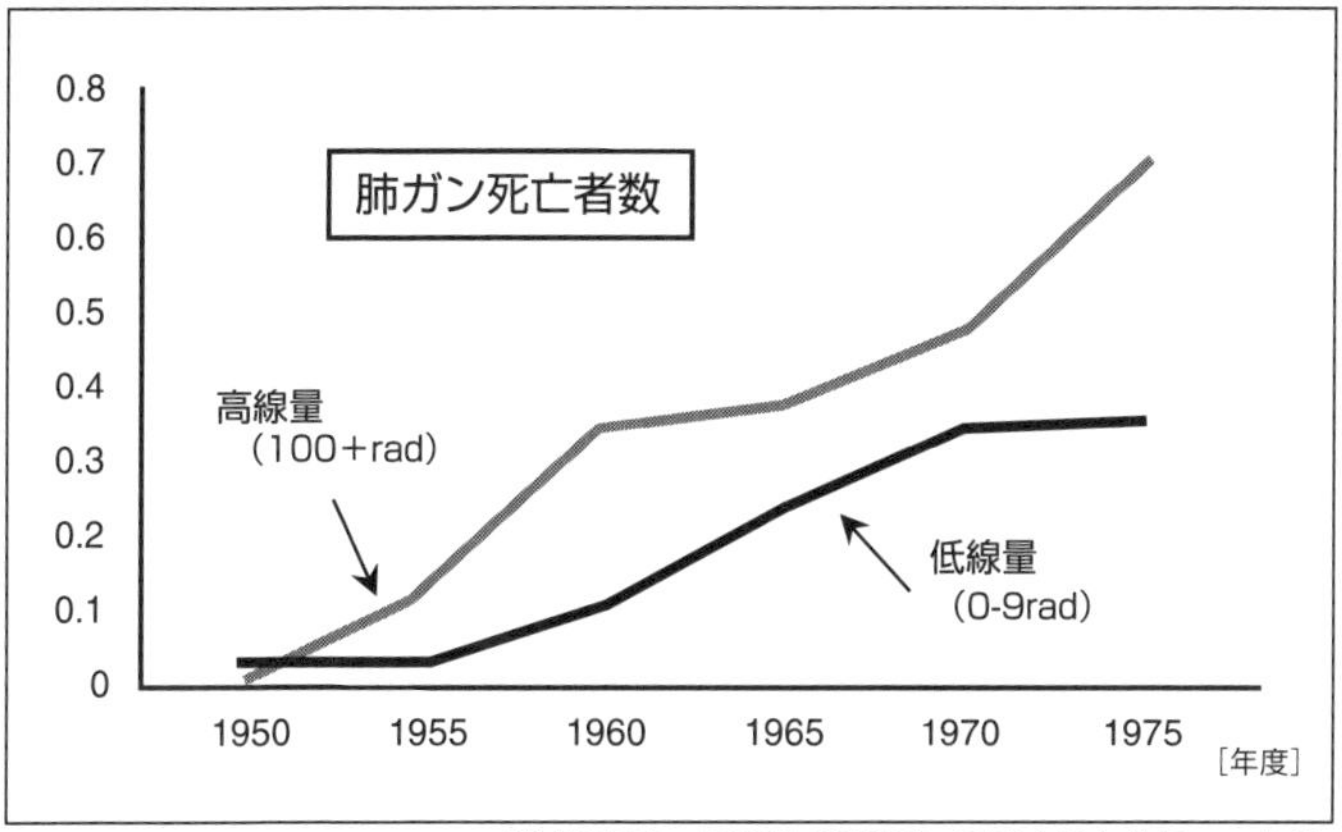

NHK あすへの記録「原爆症〜2 万人のカルテ〜」より
ABCC・放射線影響研究所のデータより作成

①原爆が投下された直後の高熱、爆風が生命を奪ったあと、放射線による急性障害を起こした。その後長期にわたり残った大気中の放射線と内部被曝により、数年後血液のがん〝白血病〟が増加。その後白血病が見られなくなるのに反し、タイムラグをおいて胃がん・肺がん・肝がん・子宮がんなどの二〇種近くの固形がんが次々に人びとを襲った。さらにその後、心臓病も放射線の影響であると考えられるようになっている。このように障害は被爆直後に表われず、長期にわたってじわじわと人体をむしばんでいく。この症例を〝晩発性障害〟といい、放射線が人体に与える影響の核心の一つとなっている。その概要は放射線影響研究所のホームページに示されている。

②被爆者が受けた線量が多ければ多いほど、その

数値に比例してがんや染色体異常は増えていく。被爆二世の染色体異常は有意差があると断定するまでには至らないが、やや高めに異常が起こっていることが認められた。しかし、この事実が何を意味するか、その時点では不明であるとのことであった。

放送から三四年、被爆二世の遺伝的影響はどうか。二〇一一年九月、阿波章夫にインタビューするため、広島の自宅を訪ねた。結論として「遺伝の異常はまったく認められなかったのです」といいきった。そして、一瞬いいよどんだあとで、重い言葉が発せられた。「いや、異常はあるのです。しかし、統計学的に証明はできない。だけど私は原爆の放射線によってあまりよくない遺伝的な効果が出たのは間違いないと思うのです」。さらに「放射線は良い影響があるはずはない。必ず体にはマイナスだから、自然流産や妊娠の兆候を感知する前に流産をしている可能性がある。言葉はよくないかもしれないが、自然淘汰された。だから、遺伝的影響がないというのは必ず条件が付きます」と証言された。被爆者と非被爆者を同じ年齢層の寿命で比べた場合、最近は差がなくなりつつあるとのことである。

そして「染色体は嘘をつかない」「染色体は放射線感受性が一定であり少ない量を受けたら少ない害が出て、多く受けたらたくさん影響が出てくる。そしてきれいに線の上に乗るということです」とLNT仮説（直線・しきい値なし説）を示唆してくれた。阿波らのデータがもとになったこの仮説は「リスク管理」上、世界中の多くの学者・研究者に支持され国際的なコンセンサスになっている。

最後にこう語られた。「プライベートなものを除けば科学的成果については公表されるべきものであり、それが科学者の義務である。弱者救済の面からも少なくとも学問の世界はそうあってほしいですね」。別れを告げて訪れた原爆ドームはライトアップされ、六六年前の姿そのままに静かにそこにたたずんでいた。

◆──チェルノブイリから何がわかったか

チェルノブイリ原発事故から二六年、四号炉の現状と被災地の様子、それに人体へ与えた影響を探るため、二月下旬から一〇日間現地を訪れた。取材前半は第一回「被爆者の遺伝的影響・ウクライナ調査団」(団長：小若順一)に同行し、後半はベラルーシの遺伝学者G・I・ラジュク博士を単独取材・撮影してきた。

チェルノブイリ事故による放射能が人体に与える影響については、原子力推進派と批判派とでは結論がまったく異なり、対立している。批判派が「国際原子力ムラ」と呼ぶ推進派の総本山IAEA(国際原子力機関)が主導し、旧ソ連の被災参加国(ロシア、ベラルーシ、ウクライナ)と後述する特殊な条件下で参加したWHOがまとめた「チェルノブイリ・フォーラム」(二〇〇五年)をまず見ていく。

①急性放射線障害者が一〇四人、そのうち三カ月以内に二八人が死亡し、その後二〇年間で一九人が死亡した。
②小児甲状腺がんは四〇〇〇人ほど、そのうち死亡者は九人〜一五人。
③白血病を含め、その他の疾患の増加は確認されていない。
④精神的な障害が最大の健康被害であり、至急対策が必要。
⑤今後のがん死亡者数を推定すると四〇〇〇人ほどで、数万数十万人ということはない。

としている（『低線量被曝のモラル』児玉龍彦著／河出書房新書／五七ページ）。

しかし、この調査対象は放射線被曝量の高いグループ六〇万人のみが対象となっていた。翌年批判は起きた。WHOは対象者を広げ、がん死亡者数を再検討した結果、四〇〇〇人ではなく九〇〇〇人にほぼ倍増させた。また、WHOの一機関IARC（国際癌《がん》研究機関）は、ヨーロッパにも対象者を広げ、国際的視点に立てば一万六〇〇〇人と予測値を変更した。当初の四倍である。

WHOは中立の立場であるはずである。しかし、原子力に関してはIAEAの影響力がきわめて強い。それは一九五九年に両者のあいだで結んだ同意書に原因があると故・綿貫礼子は指摘する（『放射能汚染が未来世代に及ぼすもの』新評論／一三一ページ）。「一方の当事者は他方にとって実質的な利害関係を有するような課題での活動やプログラムを開始するときには、他方の当事者に相談しなければならない」。当然各国からWHOに批判が集中。二〇〇一年WHOはホームページ上に「この同意はWHOをIAEAに従属させるものではない」と表明。そして〇六年の発表につながったとみられている。

チェルノブイリ原発事故の人体における影響で最大の予測は、ECRR（欧州放射線リスク委員会）〔注2〕のデータである。一〇〇万人ほどと予測した。その科学的根拠は、IAEAは内部被曝を考慮に入れていない点、そしてIAEAが検討した論文数は三五〇と少ない点であった。ECRRは旧ソ連の言語論文も含め、五〇〇〇件を検証、さらに現場の医師、科学者、獣医、保健師などへの取材をもとに死者数を割り出した（IPPNW&GES 2001, Yablokov, V.: et al. 2009）。チェルノブイリ事故調査に関する第一人者の一人である京都大学原子炉実験研究所（環境測定）の今中哲二は、子どもの甲状腺がんによる死者は、旧ソ連とヨーロッパで約二万人と推定している。大人も含めて、チェルノブイリ原発事故に起因する他のがんや心臓病による死者、さらに自殺者なども含めると、世界全体では一〇万人から二〇万人の死者と推定している。筆者が今回短期間であるが現地の医師や研究者ら六人と病院での入院患者らを直接取材した結果でもIAEAなどがまとめた五項目はきわめて過小評価であり、現場の研究者や医学者との見解とはまったく違うとの感を持つ。

たとえば序章で紹介した、ウクライナ小児神経外科医協会会長のユリ・オルロフの証言、神経芽腫の手術を受けた少女やリグビダートル（原発処理作業員）たちのケースがある。

また、〝チェルノブイリ膀胱炎〟の発表で知られるロマネンコ博士は現在、七十歳を超えているが、いまも助手つきの大きな研究室で、セシウム一三七の長期被曝の影響について研究を進めている。彼女は、ウクライナの住民の膀胱に高線量地区（五～三〇キュリー／平方メートル）と中間的線量地区（〇・五～五キュリー／平方メートル）でも増殖性異型性の病理学的異変があったと証言する。その生きた証拠として、明らかに異常とわかる患者の病理学写真を撮らせてもらった。この研究の成果は一〇カ国ほどの学会や国際的な専門誌にも公表され評価を得ているが、現在日本バイオアッセイ研究センター所長をしている福島昭治との共同研究の賜物であるといえる。彼女の机の上には、ウクライナ大統領から直接手渡された賞状とツーショットの記念写真が誇らしげに飾ってあった。

ゴメリ医科大学の初代学長であったユーリー・バンダジェフスキー教授（医師・病理解剖学者）は、不正入学に加担したとの名目上の理由で逮捕され、五年間投獄された。しかし、人体や動物の病理解剖を行ない「各臓器や胸腺にセシウム一三七の高い集積と細胞障害が認められる」「少量でも放射性セシウムは生殖細胞に遺伝的影響を与える」とベラルーシの独裁的政権下で発表したためだといわれている。眼光鋭く、眉間のシワが印象深かった。最近の研究から「セシウムによる子どもへの影響、とくに心臓の異常に注意を向けるべきだ」と強調した。原爆症の長期影響とも一致する証言となった。

取材のなかでチェルノブイリ四号炉を訪れた。事前に一人二万円を支払って申し込めば、公認ガイド付きでいまなお毎時二〇マイクロシーベルトを示す「赤い森」やゴーストタウン、プリピャチなどを半日で案内してくれる。

　翌日、隣国ベラルーシに向かった。チェルノブイリの遺伝学的影響調査で国際的に知られるベラルーシ国立医科大学遺伝性先天性疾患研究所の顧問Ｇ・Ｉ・ラジュク元教授の証言を取材するためである。彼は二〇年間の調査により、放射線の人体に与える影響を明らかにしたと語ってくれた。その内容をまとめると次の三点になる。

①セシウム一三七汚染が五五五キロベクレル／平方メートル以上の地域では、妊婦と新生児に染色体異常が事故直後から二年間著しく増加。
②同様に人工的流産胎児と新生児に発達障害の胎児が著しく増加。
③事故直後（四月二六日〜三〇日）に高レベルの放射線地域に滞在した母親から、一九八七年一月にダウン症（二一番染色体が一本余分に存在する）の発生率が非汚染地域に比べて二・五倍に増加。

　ラジュク論文の詳細は、今中哲二が二〇周年目にまとめた論文集（トヨタ財団支援）に記されている。じつにきれいな科学的データであるにもかかわらず、ＩＡＥＡら推進側は認めていない。不可思議としかいいようがない。今年八十五歳になるラジュク博士は、日本人の名刺を三〇枚ほど見せてくれた。そのなかには放射線影響研究所（放影研）の元遺伝学部長・阿波章夫の名刺もあり、体細胞でみる放射線障害の研究では世界一だと評価した。

フクシマも今後、中長期にわたり、疫学調査や遺伝子DNAの突然変異検査や病理学なども導入し、学問的にも追求、究明する必要がある。なかでも「エピジェネテックス研究」〔注2〕の進展が望まれる。NHKスペシャル「人体Ⅲ〜遺伝子・DNA〜」シリーズを制作した一九九九年時点では、この研究はまだ注目されていなかった。

また筆者は注目すべき本に出合った。『低線量内部被曝の脅威〜原子炉周辺の健康破壊と疫学的立証の記録』（ジェイ・マーティン・グールド著、肥田瞬太郎ほか共訳／緑風出版／二〇一一年）である。著者は一九一五年まで経済統計学博士号を習得、米司法省で活躍後、情報関連会社「EIS社」等を設立、ビジネス成功後米環境保護庁（EPA）の科学諮問委員就任。その後、原子炉からの放射性物質や化学合成物質などによるがんの関係を疫学的に徹底追求した人物だ。

疫学調査については科学ドキュメンタリー・あすへの記録「先天異常〜疫学調査の必要性〜」（七五年放送）〔注3〕を制作したとき、その重要性とともに問題点を知った。疫学調査は多くの場合、あとから振り返って原因物質と病気などの関係を調査し〝犯人〟を絞り込む。学問的に「リスク評価」を厳密に行なうため、最終結論を得るまでに数年〜数十年の時間が必要となる。結局、他の要因も考えられるため曖昧に終わるケースも多い。番組では「先天性四肢障害児親の会」を設立しようとしていた野辺明子会長の活動を追った。サリドマイド剤を服用していないのに、なぜか四肢障害をもった子が生まれるケースが多かった。強く疑われたのは流産防止薬や注射によるホルモン剤（ドーギノンやベンデクチン）で、会員一八一人中五三人が服用していた。しかし、患者は実在するにもかかわらず、厚生省は因果関係を認めず、原因追及は不完全に終わった。疫学は同時進行的に発生している患者の異変への対処や、予防にすぐ役立つ「リスク管理」にはきわめて不向きであるといえる。限界があるという事実を知った。

しかしこの本を読む限り、アメリカの原子炉周辺に住む特定の対象群と乳がん発生との相関関係が有意差をもって報告されていることに驚く。同様の調査がドイツやカナダでも行なわれ、がん発生率との関係が報告されている。ただし、これらのケースはどれも個人の被曝量とがんとの関係は不明であるところから、「リスク評価」に課題があるとしてＩＡＥＡなどは認めていない。

科学的データを正しく読み解くときに忘れてはならない原則的言葉がある。「Negative date is not conclusive」である。つまり、その時点で否定データが出たとしても一〇〇％否定の結論がでたとはいえないという意味である。

低線量被爆の人体への影響は不明である。集団遺伝学・人類遺伝学的には被爆者数が絶対的に不足しているためである。動物実験ではラッセル博士がマウス一〇〇万匹を使い、一〇年間の歳月をかけて放射線と遺伝との関係を突きとめている。さらに小児外科医出身で基礎医学に転身、遺伝学者となった野村大成（大阪大学名誉教授）は、動物実験で放射線と遺伝や奇形、それにがんの関係について深めた研究を行ない、国際的にも高く評価された。代表的な研究に、一九八二年の『ネイチャー』誌の巻頭言を飾ったデータがある。

①親マウスに放射線を照射する（〇・三六～五グレイ）。
②親マウスは線量に応じてがんが発生。
③その子どもにも親の線量に比例してがんが発生した。

つまり、子孫にも遺伝的影響が出たという事実である。しかし、動物実験の結果を人に当てはめてよいものかという課題は残る。低線量の放射線が人体に与える影響データを確実にするためには数百万人～数千万人による人体実験が必要となる。もちろん倫理的に不可能である。そこで野村大成は、ヌードマウス（五〇％ほどが拒絶反応を示す）より、拒絶反応をほとんど起こさないスーパースキッドマウスにヒトの正常組織を移植して長期維持し、より人間に近い状態で放射線を照射し科学的データを得るという世界最先端の実験を行なっている。その成果が待たれる。

◆――年間一〇〇ミリシーベルト以下は安全なのか～低線量と人体～

年間一〇〇ミリシーベルト以下は人体にまったく影響はないと発言する専門家といわれる人がいる。ほんとうにそうなのか？　本章では年間一～一〇〇ミリシーベルトを低線量と呼び、人体への影響をみてゆくことにする。

低線量被爆の人体に与える影響については諸説あるが、医療問題研究会編『低線量・内部被ばくの危険性―その医学的根拠―』（耕文社）によれば次の三グループに分けられる。

（一）福島県立医科大学副学長・山下俊一氏や放射線関連学会のように、障害をきわめて低く見積もり、子どもにまで年間一〇〇ミリシーベルトを押しつけようとしたグループ

（二）それよりもましで、きわめて低い線量でも発がんなどの障害があるだろうとする「しきい値を認めない」国際放射線防護委員会（ＩＣＲＰ）の意見を表明するグループ（世界の医学界での主流）

（三）それに対し、より科学的立場に立っている欧州放射線リスク委員会（ＥＣＲＲ）（低線量被爆の危険性を訴えている）

（一）のグループは、低線量被曝は人体に影響はないとする立場である。根拠にしている説

は次の三つ。

①修復効果……たとえ遺伝子・DNAに傷がついてしまっても、ヒトの体には元に戻そうとする修復作用があるため、少量の被曝であれば問題がないとするもの

②アポトーシス……放射線で障害を受けた場合、細胞が自爆してがんなどを未然に防ぐ防御システムをいう

③ホルミシス……低線量被曝がかえって生物の活動を活性化させ、有益な効果をもたらすという論で、アメリカの生化学者トーマス・D・ラッキーが提唱した説。「低線量被曝は体に有益である」としている。たとえば、三笠温泉のように放射線のラドンが高い地域ではかえって長寿であるという疫学調査の結果などだ（岡山大学データ）。しかし、このラドン温泉長寿説には温泉学の第一人者・北海道大学の大塚吉則教授は批判的である。理由に、岡山大学のチームが対象群を変えて調査したところ有意差はなかったことを挙げている。また、日本よりも自然放射線の高いインドのケララ地方やブラジルのガラパリの人びとに放射線によるがんや遺伝的影響が出ていないというものがある。だが、この説も長期間その土地に住み続けた結果、自然放射線という環境に人体の遺伝子・DNAが適応してきたのではと批判する科学者がいる。二〇世紀に入り初めて人体が体験する原爆や原発や人工放射線（セシウムやプルトニウム）とはまったく違うというものである。

（三）の立場をとる人は、低線量でもリスクは（一）とはまったく真逆で、後述する（二）よりもリスクは高いとする説である。

①**バインスタンダー効果**……放射線損傷を受けた細胞が近隣の正常細胞にシグナルを発し、近隣細胞をがん化させるというもの。α線やX線では実験レベルでは多くの報告があるが、低線量域のX線やγ線によるリスク関係はまだ確立されていない。

②**ゲノム不安定説**……被曝することによって損傷と修復のバランスを壊してしまい、被曝細胞の子孫細胞での突然変異発生率を上げてしまうとする説。

③**ペトカウ理論**……カナダ原子力公社研究所の医学・生物物理学主任のアブラム・ペトカウ博士が提唱した説。

しかし、いずれの説も「仮説」の段階にあり、世界の多くの研究者・学者のコンセンサスは得られていない。

世界的な評価に耐えうるのは、（二）の「LNT仮説」である。

LNT仮説……高線量（年間一〇〇ミリシーベルト以上）領域以下でも原爆症や動物実験などをもとに「リスク管理」上、〝被曝量と発がん・遺伝的影響には比例関係がある〟とする説。阿波章夫や野村大成らの科学的証拠により、確立的影響を年間一〇〇ミリシーベルト以下の低線量域まで直線的に伸ばし、集団的にみてがんなどが発生するとする仮説である。つまり、ある領域ならば影響が出ないというしきい値は存在しないとする「直線・しきい値なし説」だ。

ＩＣＲＰは、年間一〇〇ミリシーベルト以上では、がんの発生率が確実に〇・五％上昇すると予測している。「確定的影響」である。それ以下の線量ではデータは少ないが、これまでの動物実験や染色体異常が線量に比例して放射線のリスクを受けているところから、「確率的影響」を認めている。日本ではＩＣＲＰ勧告を受け入れ、一般人の年間被曝量限度は一ミリシーベルトと決定している。しかし原発が事故を起こすと一ミリシーベルト以下に抑えることは不可能となる。そのため緊急時には二〇ミリシーベルトまで許容範囲としているが、緊急時の期間については明確な規定はない。

結論としていえることは、世界で最も支持されているＬＮＴ仮説を用いた場合、「リスク管理」上放射線被曝は微量でも安全量は存在しない。つまりしきい値はないことを意味するのである。この仮説を強く支持する科学的データが充実してきた。近藤誠は次の二点を挙げている。

一点目は、原爆被爆者調査を継続したところ一〇～五〇ミリシーベルト領域でも直線比例関係が示唆されたという（BMJ 2005;331:77）。二点目は、全員が線量計をつけた一五カ国の原発作業従事者四〇万人の調査から、一〇〇〇ミリシーベルトにつきリスクが「〇・九七」増加する。したがってＬＮＴ仮説を適応すると一〇ミリシーベルトの場合、日本人の発がん死亡率は三〇％から三〇・三％に増えることになる（BMJ 2005;331:77）。

現在「高木学校」のメンバーであり国会事故調の委員でもある崎山比早子《ひさこ》に、「リスク管理」上一〇〇ミリシーベルト以下でも人体への影響を示唆する科学データを二つ挙げてもらった。一つは米国の著名な科学者ブレンナーらの論文である（Brenner, D. J., et al., PNAS 100, 2003）。このデータによると三四ミリシーベルト以上は原爆被害者の固形がん死に有意差があるという。もう一つは、スウェーデンの汚染地域で、セシウム一三七の地表汚染レベルとがん発生率を調査した論文（Tondel, et al., JECH, 2004）である。一九八八年から八年間、一〇〇万人を追跡すると土地の汚染度に比例して発がん率が上昇している。シーベルトに換算すると一ミリシーベルトでも直線的にリスクの増加の可能性があることを示唆しているという。

いずれも純学問的な「リスク評価」としては世界のコンセンサスをじゅうぶんに得られたものとはいえない。しかし一般の人の健康を予防する「リスク管理」上、無視してはいけない科学的データであると思う。

「災害は忘れたころにやってくる」との名言を残した寺田虎彦は、浅間山大噴火のときにも随筆を書いている。筆者は次のように解釈し、座右の銘として番組制作などに生かしてきたつもりである。

物事は恐れすぎてもいけないし、恐れなさすぎてもいけない。正当に恐れよ。

低線量の人体に与える影響もしかるべきだと思う。

〔注1〕構成：林勝彦　制作：藤井潔

〔注2〕遺伝子が構造的に変化する突然変異を見るのではなく、突然変異を起こさなくとも〝放射線〟や〝化学合成物質〟などがメテル化現象などを起こし遺伝子のオンオフに影響を与え、結果的に遺伝子発現が変わるもので、この変化をとらえることで病気のかかりやすさをビビッドにチェックでき、「リスク管理」も可能となる。

〔注3〕構成：林勝彦　制作：藤井潔

終章

原子力大国・日本の悲劇

林　勝彦

◆――放射能との闘いは終わらない

世界初の原発連続爆発・メルトダウン事件は実際に起こってしまった。思い出してほしい。福島第一原発の事故では、溶け出した核燃料は二〇〇〇度を超し、原子炉の鋼鉄を溶かし、格納容器の底にまで落下。コンクリートの一部まで溶ける「メルトスルー」を世界で最初に起こした。原発内部では、〝地獄の王〟プルトニウムやストロンチウム、セシウムなど一〇〇種をゆうに超える放射性物質（核種）が、いまなお高レベルの放射線と高温の崩壊熱を発し続けている。そのため、廃炉が完了するまでの四〇年ほどは慎重に放射能と闘い続けなければならない。

二〇一二年五月、一号機の格納容器の下部にも穴があいているとの解析結果が発表された（原子力基盤機構）。廃炉を完了するためには格納容器の穴を塞ぎ、圧力容器ごと水棺にする必要がある。しかし、どのように実施するのかまったくめどが立っていない。そこは、高レベルの放射線、一万ミリシーベルト毎時であるため、人は短時間で確実に死に至り、ロボットやICも長時間耐えることはできない。課題は山積する。しかも廃炉で大量発生する放射性廃棄物をどこに、どのように処理し棄てるのか。除染により剝《は》がされた土壌や伐《き》られた木・葉などの低レベル廃棄物の捨て場や中間貯蔵施設の問題すら未解決である。いま、これまでじゅうぶんに知らされてこなかった原子力の負の情報を国民は今回の「原発連続爆発・メルトダウン」事件により徐々に知るようになってきた。人びとは〝マインドコントロール〟から覚めつつあるのだ。

原子力安全委員会委員長の斑目《まだらめ》春樹は、原発連続爆発・メルトダウン事故を〝人災〟と呼んだ。困るのである。〝人災〟を起こさないよう責任を果たすのが原子力安全委員会や原子力安全・保安院であり、その組織を管轄する官僚たちや政治家らの第一義的な役割ではなかったのか。その証拠はある。

①事故の根本原因となった「全電源喪失」を班目ら原子力安全委員会と小委員会（鈴木達治郎座長）は考慮しないで良いとした。

②東京電力自らが〇八年に津波の高さをシミュレーションし、一五・七メートル（マグニチュード八・三想定／一〜四号機）と試算していた。経産省原子力安全・保安院はそのほかに高波試算報告を受けておきながら徹底した「リスク管理」を怠った。

③地球物理学兼地震学者の石橋克彦（神戸大学名誉教授）は、一九九七年より「原発震災」という造語をつくり、巨大地震発生とともに「全電源喪失↓メルトダウン↓水素爆発」の危険性を警告し続けてきたが、それを無視してきた。

市民科学者の故・高木仁三郎や四国伊方原発訴訟で住民側の弁護を続けた故・久米三四郎らはさらにそれ以前から原発の危険性を指摘し続けていた。したがって「事故」と呼ぶより「事件」と呼ぶほうが適切だと思う。

◆――国民の〝いのち〟よりも原子炉の〝命〟

筆者が最も憤りを覚えたのは、国民のいのちを守るという強い責任感と意志を持った司令官と官僚や参謀が不在であったことである。先述した児玉龍彦のような人物は誰一人としていなかった。児玉による国会での証言「満身の怒り」（映像はYouTubeで現在も視聴可能）にみる放射線の人体に与える影響の「リスク管理」的危機感と定期的に本人が福島県南相馬市で除染活動に励む「知行合一」の姿勢は、多くの日本人に感銘を与えた。筆者も一時、東京大学先端科学技術研究センターに在籍し、科学と社会について研究を行なったとき、児玉先生に接したことがある。そのときの印象は、次々と国際的な業績を『ネイチャー』誌などに掲載される日本を代表する科学者であり、超多忙な身でありながらつねに笑顔を絶やすことはなかった。それだけに国会議員を前にして迫力ある言動には感動すら覚えたものである。

事故直後、国民の前に現われたのは、経済産業省の官僚が中心となった原子力安全・保安院、東京電力、総務省原子力安全委員会政府要人であり、彼らが入れ代わり立ち代わり記者会見を行なった。しかし、中心人物はいなかった。番組制作でいえばプロデューサーもディレクターもキャスターも不在であったのだ。刻々変化する原子炉の状況を把握できぬまま、保安院や政治家が説明に追われていた。保安院長寺坂信昭は記者会見にほとんど顔を見せず、原子力にじゅうぶんな知識があると思えない官僚らが中心となっていた。激務であったことは理解するも記者からは「みんな、素人《しろうと》じゃないかヨ――」との声が漏れるほどであったという（保安院審議官の中村幸一郎は三月一二日、メルトダウンに言及した例外的人物。中村は以後記者会見から外された）。

一九七九年三月米国スリーマイル島原発事故時には、ＮＲＣ（米国原子力規制庁）のデントン副委員長が、連日国民と大統領に状況・情報を的確に報告し続けた。ＮＲＣは日本の官僚組織に所属する経産省原子力安全・保安院と総務省原子力安全委員会を合わせたような組織である。しかし日本とはまったく違い、政府から完全に独立し癒着構造はなく、権限も強い。九九年九月、茨城県東海村ＪＣＯ臨界事故時には、安全委員会の住田健二委員長代理が一貫して真摯に対応し続けた。それに反し、今回の〝福島原発連続爆発・メルトダウン事件〟では斑目春樹委員長をはじめとする五人の安全委員は、当初誰一人として国民の前に立つことはなかった。首相らへの助言機関だとしても本来、国民のいのちを守ることが第一義的かつ道義的責任があるはずであった。記者会見では爆発直後からしばらく保安院が前面に立ち、国民の安全についてというよりは原子炉の状況を伝え続けた。本来、保安院は、事故を未然に防ぐことが第一義的責務であったはずである。にもかかわらず原発連続爆発を起こしてしまった。「リスク管理」は完全に失敗したのである。官僚と政府の委員、政治家らの責任は極めて大きい。

「誰が一体国民の〝いのち〟を守っているのか！」。安全という名を冠した二つの組織があるのにもかかわらずである。筆者は経産省に電話し、そのことを問うた。返ってきた答えは「原子力災害本部長」（菅前総理大臣）であり「自分たちにはまったく落ち度がない」との強烈な響きを持った典型的な官僚型答弁であった。たしかに組織上の最高司令官はそのとおりである。だが放射線や原発に素人の菅総理や枝野官房長官、海江田経産大臣らを補佐する能力ある官僚や専門家の存在こそ重要である。〝伝言ゲーム〟は行なわれたが、肝心な総理の問い「爆発の可能性は？」に班目委員長は「ない」という趣旨の答え。水素爆発は起った。最も求められる人物は原子炉と放射線の危険性を熟知し、その危険レベルに応じて的確な判断を下せる能力のある〝真〟の専門家である。しかも、国民にはわかりやすい言葉で真摯に説明でき、何より責任感と信頼感のあふれる人物でないと困るのである。デントンや住田健二のように。

さらに、国民の〝いのち〟をないがしろにした最大の証拠の一つは文部科学省が一〇〇億円以上の国民の税金をそそぎ込み製作したSPEEDI（緊急時迅速放射能影響予測ネットワークシステム）の情報が、国家からも福島県（佐藤雄平知事）からも公表されなかったことである。いまだに誰が隠蔽《いんぺい》したのか判明していない。米国にはいち早く報告していたが、日本国民に公表されたのは三月二三日のことであった。もしSPEEDI情報が迅速に公開されていれば、住民や国民は放射能汚染情報を知ることができたのだ。

内閣府原子力委員会委員長の近藤駿介や安全委員会委員長の班目春樹はSPEEDIの情報を公表したとしても役立たないと国会やテレビで語っていた。また、国会事故調の論点整理でも指摘していたが違うと思う。本気で国民のいのちを守るという強い意志と実行力を持った能力ある専任職員が四〇人ずつオフサイトセンターや危機管理センターに集まれば、刻々と変化する風向きを入手できた。各地点の放射線量をすべて各市町村長へ知らせていれば、少なくとも総合的に判断し、自己責任で対処できたはずである。

ところが最前線基地「オフサイトセンター」に集まるはずの関係閣僚や保安院ら計四五人のうち集まったのは半分以下の二一人であった（三月一五日まで）。さらに重責を担うこの人たちは放射線量が高い、電話が通じない等の理由で職場を放棄してしまったのだ。戦時中、上層部の判断力の誤り、責任を曖昧にする姿勢も加味して敗戦につながった。今回の原発連続爆発・メルトダウン事件でも同様の傾向がみられる。

一例を挙げてみる。国、県からなんの情報も届かなかった浪江町の馬場町長は、三月一二日午後、政府の「一〇キロ圏内避難」の呼びかけをなんとテレビで知ったのだ。そこで浪江町職員は防災無線でその情報を知らせ、すぐ一二キロほどに位置する苅野小学校や津島地区（三〇キロ）など計四カ所に住民を緊急避難させた。しかし、まさに三月一二日一四時〇〇分から一六時〇〇分、プルーム（強い放射能雲）が海側から北西に変わった風向きに乗り、苅野小学校方面を直撃した。その校庭で子どもたちや親、教師ら四〇〇人ほどがおにぎりを食べ、水を飲んだ。そこへ目には見えず、臭いもなく、触れることもできない〝死の灰〟が音もなく降りそそいだのである。

ＳＰＥＥＤＩ情報などが公開されていれば少なくとも放射能を避けるために校庭から屋内に

逃げ込むことはできたはずである。三月一四日一一時〇一分、三号機が爆発。その情報をまたもやテレビで知った馬場町長は苅野でも危険と認識、その後津島地区（原発から約三〇キロ）へと避難させた。そこには八〇〇〇人ほどの浪江町民が学校や集会場に分散、集結した。三月一五日六時一〇分、二号機と四号機で異常音、爆発。その後役場では本部会議を開催。バス三台をフル稼働し八〇〇〇人をさらに二本松市浪江東和支所（原発から約四五キロ）へと避難させた。危険ルートとは知らずに。

一一年五月、原発から一四キロ地点にあるエム牧場で、社長の村田淳と場長の吉沢正巳を取材した。場長はそこで爆発音を聞き、まきあがる噴煙も見たという。逃げることも考えたが、三〇〇頭ほどの牛を見殺しにするわけにはいかない、と一週間ほど現場にとどまり餌を与え続けた。三月一二日早朝、青いワゴン車に乗った県警の警察官が七、八人原発上空を飛ぶヘリコプターと動画生中継するためにエム牧場を訪れた。「とうとうくるべきものがきてしまった。国は情報を隠している」「本部からすぐに帰ってこいとの指示。申し訳ないけど帰る。吉沢さんここにいないほうがいい」。と強く勧められたという。その間、エム牧場の本部がある二本松牧場にも四回ほど往復しているが、そのつど避難先（苅野小学校や津島地区）での浪江町民の姿やそこもまた危険だと、総くずれとなり敗残兵のごとく、必死で二本松へと逃走してゆく姿も目撃したという。追跡者のごとく、そこもまたＳＰＥＥＤＩが示すとおりであった。

さらに追い打ちをかけるがごとく一五日は一七時ころから雨が降り始めた。この日、放射性物質が最も多く雨とともに舞い降りたからである。この一連のＳＰＥＥＤＩ情報隠蔽を「殺人にも等しい」と浪江町長は怒りを隠さなかった（ＮＹタイムズ、一一年八月九日記事）。一二年四月、福島県二本松市で「国会の事故調査委員会」フォーラムが開催された。黒川清委員長はじめ一〇人ほどの委員、馬場町長と町民二〇〇人ほどが集まり、歯に衣着せぬ率直な批判や心身への被害状況、要望などが次々と出された。委員長はじめ各委員も聞き入っていた。町長は「歩いてでも情報を知らせるべきであった」と証言。現在、訴訟を検討中であるという。

また、〝あとだしジャンケン〟情報が一二年六月一二日明るみにでた。文科省は住民にＳＰＥＥＤＩ情報を公表する前に、自らはそれを利用し、三月一五日、浪江町で測定、三三〇マイクロシーベルト毎時という高い線量を測定していたというものである。

またまた〝あとだしジャンケン〟情報が六月一八日にでた。米エネルギー省が米軍機で実測した「放射能汚染地図」（一一年三月一七〜一九日）を外務省に提供、外務省は経産省原子力安全・保安院と文科省に転送したが保安側の「住民安全班」と「放射線班」は公表せず。首相官邸や原子力安全委員会にも伝えず、県民のいのちを守るために活用されなかったというものである（朝日新聞）。さらに、その後の報道で総務省原子力安全委員会にも文科省経由でデータが届いたが（三月二三日）すでに米国ではネットで公開したあとだった。

また、刻々迫る原子炉容機の爆発を防ぐためのベントの決断も遅れに遅れた。さらに原子炉格納容器への真水注入にこだわり海水の注入時期を遅らせた。これも人の〝いのち〟よりも原子炉の〝命〟を優先した結果ではなかったのか？

◆――「福島の再生なくして、日本の再生なし」はいま

「福島の再生なくして、日本の再生なし」と野田総理は発言した。現場を取材すると「福島の再生」はいまなおほど遠く、放射能汚染の除染は完了せず、原発事故の真の原因も究明されていない（地震説・津波説・複合説）。原因の究明がなければ失敗は繰り返される。ふたたび原発事故を起こしたら、間違いなく〝おろかな〟日本及び日本人として世界史に記述されることになるであろう（飯田哲也）。意図的であったか否かにせよ、誰がどのように誤って巨大事故に至ったのか、個人と組織の責任を事実に基づいて明確にし、巨大事件を起こした当事者と組織を一新して出直さない限り原発震災はまた起こる。失敗学の本質はここにある。政府の事故調査・検証委員会（畑村洋太郎委員長）は原子炉再現実験を予定していたが、時間・組織に限界があるなどの理由から断念したという。きわめておかしい。お気軽に安全は手に入らない。安全はただではない。高くつくものなのである。失敗学の先生ならその程度のことはわかるはずである。誰がストップをかけたのか。官僚なのか政府なのか。

アメリカのスリーマイル島事故では事故原因を検証するため、一〇ほどの検証委員会を立ち上げ、それぞれ詳細な報告書を出している。われわれ一五人ほどのプロジェクトチームが制作した原発に関する初めての大型企画・ＮＨＫ特集『原子力・秘められたる巨大技術』シリー

ズ」の「第二集　スリーマイル島原発事故」を担当した軍司達男ディレクターは、報告書の一部をスタジオに集めた。それだけでも一冊ずつ縦に並べると長さは三メートルを超えた。原因の徹底追及、米国の姿勢にはおおいに見習うべきであると思う。政府や国会の事故調査委員会（黒川清委員長・東京大学名誉教授）の最終結論もまだ出ていないではないか。第一次ストレステストと改善案の工程表を示すだけで、大飯原発三、四号機では対策八五項目中三〇項目ほどが未実施のまま再稼働を決定してしまった。〝原発連続爆発・メルトダウン〟事件を防げなかった経産省・保安院や総務省安全委員らと各政府委員会のほぼ同一メンバーによる判断、野田総理以下、枝野経産相ら四閣僚をはじめ、「日本の集団自殺」と発言した仙谷政調会長代行や前原誠治政調会長が陰に陽に加わった政治的判断との名のもと、性急かつ非科学的に再稼働に踏み切ることは言語道断、危険である。総理のリーダーシップで再稼働し責任をとるとしている。しかし最低限、次の覚悟は必要となる。

今回の原発爆発による「最悪の想定」は東京など首都圏を含む三〇〇〇万人ほどが避難する権利があった。菅直人前総理らとともに戦慄の報告をいち早く知った内閣官房参与を務めた田坂公志は「われわれは、運が良かった」に過ぎなかったとそのときの恐怖と安堵感を『官邸から見た原発事故の真実』（光文社新書）に著している。実際米国は八〇キロ圏避難勧告ではなく「首都圏九万人全員を対象とすべき」との強硬意見もあったという（米国国務省日本部長、K・メア）。ドイツも東京からの避難を勧告、大使館の一部を大阪に移転した。フランスに至っては自国から飛行機を飛ばし救援隊を送り、首都圏からの帰国を支援しようとした。

また、大飯原発敷地内には断層が走り、周辺には三本の活断層が存在する。断層連動の危険性を指摘する専門家がいる（東洋大学教授・渡辺満久、神戸大学名誉教授・石橋克彦ら）にもかかわらず、関西電力や保安院、経済産業大臣も詳細な調査をする気配はない（一二年六月現在）。原発安全性がじゅうぶん確認されたとはいえず、しかも、安全対策も不十分のまま大飯原発を再稼動するわけだ。最悪のシナリオを関西圏の人たちは認識し、事故時の放射線障害とＰＴＳＤなどの心理的障害も受忍しなくてはならない。

さらに、大事故時の損害賠償は国家予算の二倍を超えるという日米の公式シミュレーションがある。賠償額を値切らない限り、当然国民の血税を投入することになる。国民一人ひとりはその負担を認識し、納得すること。大事故が万一発生すると関西圏の経済と生態系汚染により、旧ソ連のように国家崩壊の原因となる可能性を野田総理と民主党政権のみならず、国民のいのちと財産を守る国会議員や地方自治体の首長全員が認識し、その覚悟を固めることである。しかし、冷静に、合理的に、科学的に、論理的に、倫理的に考えると、万一の場合、野田総理が責任をとることは果たして可能なのか？

◆――〝いのち〟の被害者

たしかに、福島第一原発の事故では、放射線による直接の死者はゼロである。しかし、有機農法に夢をかけ育んできた農作物が放射能で汚染され自殺した人、「原発さえなければ」と牛舎の壁に書き記し、自らの命を絶った酪農家、そのほか福島県民が原発震災の影響で自殺した。その数は一三人にのぼる（内閣府調べ。一一年三月一一日〜五月までは未集計）。この人たちをたんに〝放射能アレルギー〟だったと無視して良いものか。また福島県双葉郡にある「双葉病院」と介護老人保健施設「ドーヴィル双葉」の二カ所に限っても、入院患者三三九人のうち二一人が搬送中または避難所で、原発爆発から三日後の三月一五日までに亡くなった（民間事故調査）。いのちをとりとめた人でも、現在、阪神・淡路大震災や中国の四川省の大地震のときのようにＰＴＳＤや孤独死になる人も出てきているのだ。

フランスの哲学者ジャン・ケルビッチによれば〝死〟には三種類あるという。「一人称」の死、つまり本人。「二人称」の死、家族や愛する人たち。「三人称」の死、社会一般の人たちである。このことは〝生〟について考えるときにもあてはまることだと思う。

目には見えず、匂いもない放射能は、大気・大地・海洋・森林・水源地にも音もなく降りそそいだ。生態系汚染である。今後生物濃縮、食物連鎖による人体の内部被曝も危惧されている。一般食品で新基準値（キロ毎一〇〇ベクレル）超えは九県、五二品目、三四二件にのぼるという（一二年四月二七日、東京新聞の集計）。県別では①福島、②茨城、③栃木、④宮城。品目別では①水産物三七品目、一五七件、②農産物一一品目、一六九件、③加工食品三品目、一四件、④畜産物一品目、二件となっている。

年間一〇〇ミリシーベルト以下の微量放射線の人体への影響は見られないと推進派は説明し、政府は年間二〇ミリシーベルトを故郷に戻れる基準にした。しかし、チェルノブイリは年間五ミリシーベルトの地域で避難の権利があるのだ。

◆——原子力大国・日本の悲劇~無視された原子力基本法

今回の人類初の〝原発連続爆発事故〟の根本原因は国民のいのちより原子炉の命を大切にした〝経済効率至上主義〟にあることはすでに述べた。しかし、原子力基本法の三原則を無視し続けてきたことも大きな原因の一つとなっている。この原子力基本法は日本学術会議が提起した「民主・自主・公開」の三原則をベースとし一九九五年に施行された。原文を引用する。

（基本方針）
第二条　原子力の研究、開発及び利用は、平和の目的に限り、安全の確保を旨とし、民主的な運営のもとに、自主的にこれを行うものとし、その成果を公開し、進んで国際協力に資するものとする。

民主とはだれもが参加でき自由に討論し、民主主義の原則にのっとり決めていくことである。だが表面上は民主的な運営がなされているように見えるが、関西電力や九州電力玄海原発や北海道電力などをめぐる〝ヤラセ〟問題にみられるように、民主の原則から大きく逸脱してきた。また、故・高木仁三郎氏や石橋克彦氏らは三・一一以前に原子力の大事故を予測し、社会に発表していた。

高木氏は一七年前から原発第事故を予測し、「核施設と非常事態―地震対策の検証を中心に」（一九九五年『日本物理学会誌』第五〇号 No.10）、『東海第二原発事故が起こったら』（原子力資料情報室編リーフレット）、『原発事故―日本では？』（八六年岩波ブックレット）などで「もし本格的なメルトダウン、本格的な核暴走が起こったらこれはほとんど手のほどこしようがない。炉心溶融の場合、本格的に原子炉から水が抜けると三〇〇〇度から四〇〇〇度と放射能がある以上温度は上がっていく。それを止める手段はない。こういう温度ではもちこたえる金属も技術もないから原子炉自身も建屋ももたない」と記している。

九七年一〇月、地震学者・石橋克彦氏も地震・津波と原発事故による複合的な大事故を「原発震災」と呼び、一五年前に論文「原発と震災」（『科学』岩波書店／九七年一〇月号）にて予言していた。

原発にとって大地震が恐ろしいのは、強烈な地震動による個別的な損傷もさることながら、平常時の事故と違って無数の故障の可能性の幾つもが同時多発することだろう。とくに、ある事故とそのバックアップ機能の事故の同時発生、たとえば外部電源が止まり、ディーゼル発電機が動かず、バッテリーも機能しないというような事態が起こりかねない。したがって想定外の対処を迫られるが、運転員も大地震で身体的・精神的影響を受けているだろうから、対処しきれなくて一挙に大事故に発展する恐れが強い。（中略）原子炉が自動停止するというが、制御棒を下から押し込むＢＷＲでは大地震時に挿入できないかもしれず、もし蒸気圧が上がって冷却水の気泡がつぶれたりすれば、核暴走が起こる。そこは切り抜けても、冷却水が失われる多くの可能性があり（事故の実績は多い）、炉心溶融が生ずる恐れは強い。そうなると、さらに水蒸気爆発や水素爆発が起こって格納容器や原子炉建屋が破壊される。（中略）大震災によって通常震災と原発震災が複合する〝原発震災〟が発生し、しかも地震動を感じなかった遠方にまで何世代もわたって深刻な被害を及ぼすのである。膨大な人々が二度と自宅に戻れず、国の片隅でがんと遺伝的障害に及びながら細々と暮らすという未来図も決して大げさではない。

その石橋論文に対し、斑目春樹原子力委員会委員長は「石橋克彦は原子力学会では聞いたことのない人物である」として原子力ムラ排除の論理で一刀両断している。また、子どもにも二〇ミリシーベルトを適用することに反対し辞任、涙の記者会見で子を持つ母親たちの共感を呼んだ内閣官房参与の小佐古敏荘（東京大学院教授）は、石橋氏について「大量な放射能の外部放出はまったく起こらない」とし、「論文掲載にあたって学者は専門的でない項目には慎重になるのがふつうである。石橋論文は明らかに自らの専門外の事項についても論拠なく言及している」と批判した。しかし、石橋氏の予言どおりの道をたどり大事故は起こったのだ。

民主の原則が守られなかったことの証明に他ならない。

二番目の自主とは何か。自主技術に基づく原発の建設、管理、運営などである。初代の原子力委員であったノーベル賞受賞者の湯川秀樹博士は、読売新聞社社主の正力松太郎らが自主の開発の道を進まず、外国の原子炉を購入する動きに嫌気がさし、原子力委員を辞めたといわれている。福島第一原発の多くは自主開発ではなく米国のGE（ジェネラル・エレクトリック）社製の原発「Mark-I」である。このMark-I設計者のD・ブライデンボー氏はMark-Iの欠陥、設計の弱点を喚起したが聞き入れられず、辞職している。そして彼は著名な映画「チャイナシンドローム」製作に参加。その公開一二日後にはスリーマイル島原発事故が発生している。

三番目の公開については、東京電力など電力会社をはじめ官僚など〝原子力ムラ〟による公開、データのねつ造、隠蔽報告の遅れなど枚挙にいとまがない。これまでの歴史を振り返れば落第点である。前出の小佐古敏荘辞任のもう一つの理由はSPEEDIの公開、観測した放射線量の公開を提言したが受け入れられなかったためだと伝えられている。

原子力の憲法「基本法」にきわめて危惧される文言が突然追記された。じゅうぶんな国会と国民的議論を経ていない。この事実はあとがきに記しておいた。

日本人が好きな言葉に「水に流す」「長いものには巻かれろ」との格言がある。しかし、こと〝いのち〟に関する事件だけにふたたび悲劇を繰り返さないためにも、原子力ムラが作りあげてきた「原発絶対安全神話」は〝偽〟であり、反原発派が提起してきた深刻な事故予測は〝真〟であったという事実だけは確認しておきたい。スイスが実施しているように安全性をとことん高めるため、資金はとことんつぎ込みそれで経済的に見合わないことになれば即刻稼動も中止するとする姿勢は正しいと思う。

◆――崩壊した四つの神話

今回のフクシマ原発事故で四つの神話が崩壊した。「原発絶対安全神話」「原子力電気安定供給神話」「原子力安価神話」「原発クリーン神話」である。

「原発絶対安全神話」は先述した。その結果、国民の東電や官僚、政治家など原子力ムラに対する信頼感も完全に崩壊している。

「原子力電気安定供給神話」は一一年、原子力がなくても節電や一部計画停電により乗り越えることができた。原子力を基幹エネルギーとし過度な依存を続けてきた結果、今回一度の事故で電力は不安定になってしまった。皮肉なことに原発を一基も持たない沖縄電力が最も電力が安定し、赤字にもならず健全な経営を行なっている。

「原子力安価神話」は今回のような大事故を起こし、根底が崩れ去った。じつは原発開発当時すでに日米などにより試算された結果がある。アメリカ原子力委員会（ＡＥＣ）は五七年三月「大型原子力発電所の大事故の理論的可能性と影響」（WASH-740）を公表した。試算したのはアメリカ初の原発ペンシルベニア州の「シッピングポート」、発電出力六万キロワット。福島第一原発一号機の八分の一程度の出力であった。結論は驚愕すべきものであった。

一．最悪の場合三四〇〇人の死者
二．四万三〇〇〇人の障害者が生まれる
三．二四キロ地点で死者が生じ得るし、七二キロ地点でも放射線障害者が生じる
四．核分裂生成物による土地汚染の財産損害は最大で七〇億米ドル（当時の為替レート一ドル＝三六〇円換算で二兆五〇〇〇億円）。当時の日本の一般会計歳出合計額の二倍を超える

破局的事項が発覚するやアメリカ議会は損害賠償制度創設を審議、九月「プライス・アンダーソン法」を成立、原発会社の賠償責任を一定額に軽減した。日本も六〇年「大型原子炉の事故の理論的可能性及び公衆損害に関する試算」をまとめた（科学技術庁の委託により日本原子力産業会議が作成）。アメリカ同様天文学的損害額であるため、六一年に「原子力損害賠償法」で電気会社が払う賠償最高額を一基当たり五〇億円とし、それ以上は国が支援を行なうことを定めた。〇九年に改訂され一二〇〇億円が限度額となった。

最後の「原発クリーン神話」は、地球温暖化の主犯とされる二酸化炭素を放出しないとする

もので「原子力ムラ」の人たちだけでなくオバマ大統領やIAEA事務局長・天野之弥《あまのゆきや》ら「国際原子力ムラ」と呼ばれる人たちも大合唱していた。しかし、原発建設中や廃炉中は石油など化石燃料を多量使用するためCO_2を放出するし、何より今回の爆発による原発崩壊の姿を見ると何人も〝クリーン〟であるとはいえない事実を知った。

以前、「原発はクリーンだ」という繰り返されるCMに異を唱えた一人の若者がいた。彼は日本広告審査機構にこのCMの正当性について審査を求めた。二〇〇八年一一月、裁定が下された。「今後は原発の地球環境に及ぼす影響や安全性についてじゅうぶんな説明なしにCO_2を出さないことを限定的にとらえ〝クリーン〟と表現すべきではないと考える（要旨）」。

今回の人類初の〝原発連続爆発・メルトダウン〟事件は、いままでマインドコントロール状態にあった多くの日本人に目覚めの〝とき〟を与えてくれた。もしふたたびこのような原発大事故を起こしたら、旧ソ連がそうであったように、国家崩壊の道を歩むことになる。さらに世界史の歴史教科書に、愚かで悲惨な日本人・日本国であったと永久に記述されることも覚悟しておく必要があるのではないか。

いまいちど、序章で述べたアポロ一一号がとらえた「アースライズ」を思い浮かべてほしい（カバー背面写真）。月面ごしに浮かぶ地球。「脆《あや》うげ」で、このうえなく美しい小さな星。その薄いバイオスフィアのなかでしか生きてゆけない私たちの〝いのち〟。生きとし生けるもののすべてが、生命三七億年の長い時間をかけつくりあげた見事な生態系。初めて青い地球を外から見た人びとの「こころ」に劇的な変化を呼び起こし、「only one earth」という概念を生んだ。時間軸と空間軸のなかで、一人ひとりの生命とともに、生命のつながりを過去・現在・未来の時間のなかで大切にする心を芽生えさせてくれた。筆者はそれを「いのちの哲学」と呼びたい。

いまを生きる私たち世代、子や孫、さらにまだこの世に生まれていない将来世代のためにも、真の文明を築いてゆくというパラダイムシフトがいま求められている。

真の文明は　山を荒さず
川を荒さず　村を破らず
人を殺さざるべし

田中正造

■参考文献

『科学革命の構造』トーマス・クーン著、中山茂訳（みすず書房）
「二一世紀、科学技術社会への夢」林勝彦（『二一世紀への手紙：生命・情報・夢』東倉洋一編著／NTT出版／二〇〇一年）
『原子力—秘められた巨大技術』NHK取材班（日本放送出版協会／一九八二年）

『いま、原子力を問う—原発・撤退か、推進か』ＮＨＫ取材班（日本放送出版協会／一九八九年）
『平成二一年度　原子力白書』原子力委員会
『平成二一年版　原子力安全白書』原子力安全委員会
『原子力市民年鑑二〇一〇』原子力資料情報室（七つ森書館／二〇一〇年）
『高木仁三郎著作集（全一二巻）』（七つ森書館／二〇〇四年）
『「熊取」からの提言—怒れる六人の研究者たち』小林圭二（世界書院／二〇一二年）
『福島原発の真実』佐藤栄佐久（平凡社新書／二〇一一年）
『図解 原発のウソ』小出裕章（扶桑社／二〇一二年）
『脱原子力国家への道』吉岡斉（岩波書店／二〇一二年）
『日本の原発、どこで間違えたのか』内橋克人（朝日新聞出版／二〇一一年）
『原子力村の大罪』小出裕章、西尾幹二、佐藤栄佐久、桜井勝延、恩田勝亘、星亮一、玄侑宗久（ＫＫベストセラーズ／二〇一一年）
『官僚の責任』古賀茂明（ＰＨＰ研究所／二〇一一年）
『これでわかる　からだのなかの放射能—正しく知ろう！　放射能汚染と健康被害—』安斎育郎（合同出版／二〇一一年）
『「技術と人間」論文選 問いつづけた原子力 一九七二—二〇〇五』高橋昇、天笠啓祐、西尾漠（大月書店／二〇一二年）
『低線量・内部被曝の危険性—その医学的根拠』医療問題研究会（耕文社／二〇一一年）
『虎の巻 低線量放射線と健康影響—先生、放射線を浴びても大丈夫？と聞かれたら』独立行政法人放射線医学総合研究所ほか（医療科学社／二〇〇七年）
『内部被曝の真実』児玉龍彦（幻冬舎新書／二〇一一年）
『放射能汚染が未来世代に及ぼすもの…「科学」を問い、脱原発の思想を紡ぐ』綿貫礼子ほか（新評論／二〇一二年）

『内部被曝』肥田舜太郎（扶桑社新書／二〇一二年）
『低線量内部被曝の脅威―原子炉周辺の健康破壊と疫学的立証の記録』Ｊ・Ｍ・グルード著、肥田舜太郎ほか訳（緑風出版／二〇一一年）
「放射性セシウム汚染と子どもの被ばく」崎山比早子（『科学』vol.81, No.7 岩波書店／二〇一一年）
『人は放射線になぜ弱いか 第三版――少しの放射線は心配無用』近藤宗平（講談社／一九九八年）
『原発震災―警鐘の軌跡』石橋克彦（七つ森書館／二〇一二年）
『放射能で首都消滅―誰も知らない震災対策』古長谷稔、食品と暮らしの安全基金（三五館／二〇〇六年）
『世界が見た福島原発災害――海外メディアが報じる真実』大沼安史（緑風出版／二〇一一年）
『フクシマは世界を変えたか―ヨーロッパ脱原発事情』片野優（河出書房新社／二〇一二年）
『電通と原発報道―巨大広告主と大手広告代理店によるメディア支配のしくみ』本間龍（亜紀書房／二〇一二年）
『「想定外」の罠―大震災と原発』柳田邦男（文藝春秋／二〇一一年）
『テレビは原発事故をどう伝えたのか』伊藤守（平凡社新書／二〇一二年）
『検証福島原発事故・記者会見――東電・政府は何を隠したのか』日隅一雄、水野龍逸（岩波書店／二〇一二年）
『新聞・テレビはなぜ平気で「ウソ」をつくのか』上杉隆（ＰＨＰ研究所／二〇一二年）
『「本当のこと」を伝えない日本の新聞』マーティン・ファクラー（双葉社／二〇一二年）
「原発報道は『大本営発表』だったのか――朝・毎・読・日経の記事から探る」瀬川至朗（『Ｊｏｕｒｎａｌｉｓｍ』八月号　朝日新聞／二〇一一年）
『とんでも発言集　ただちに健康に影響はありません』ラピュタ新書（ふゅ～じょんぷろだくと／二〇一一年）
『原発文化人五〇人斬り』佐高信（毎日新聞社／二〇一一年）
『エネルギー倫理命法―一〇〇％再生可能エネルギー社会への道』ヘルマン・シェーア著、今本秀爾ほか訳（緑風出版

／二〇一二年）
『原発のコスト――エネルギー転換への視点』大島堅一（岩波書店／二〇一一年）
「フクイチ4号機　クライシス」佐藤秀男（『週刊朝日』朝日新聞出版／二〇一二年五月一八日）
『核燃料サイクル施設批判』高木仁三郎（七つ森書館／二〇〇三年）
『核燃料サイクル施設の社会学――青森六ヶ所村』舩橋晴俊、長谷川公一、飯島伸子（有斐閣／二〇一二年）
「『高レベル放射性廃棄物地層処分の技術的信頼性』批判」地層処分問題研究グループ［高木学校＋原子力資料情報室］（二〇〇〇年）
『原子力政策大綱批判―策定会議の現場から』伴英幸（七つ森書館／二〇〇六年）
『孤立する日本の原子力政策』日本弁護士連合会公害対策・環境保全委員会編著（実教出版／一九九四年）
『プルトニウムの恐怖』高木仁三郎（岩波新書／一九八一年）
『プルトニウムの未来――二〇四一年からのメッセージ』高木仁三郎（岩波新書／一九九四年）
『原発と日本はこうなる　南に向かうべきか、そこに住みつづけるべきか』河野太郎（講談社、二〇一一年）
「脱原発」（『週刊エコノミスト　二〇一一年五月二四日特大号』毎日新聞社／二〇一一年）
東京新聞
信濃毎日新聞
朝日新聞
毎日新聞

■取材協力
児玉龍彦、野村大成、軍司達夫、飯島裕一、ソレッテーレ、小若順一、柴村可奈子、原田憲一、森田直也、後藤理一郎

あとがき

本書は、私が尊敬する科学ジャーナリストらの賛同を得て実現したものである。

第一章を担当した七沢潔は、増田秀樹チーフプロデューサーの計らいもあり、福島事故直後、木村真三とともに岡野眞治の協力を得て現地に入った。そのときの取材でETV特集「ネットワークで作る放射能汚染地図」を構成した（芸術祭賞大賞など受賞）。

第二章の柴田鉄治は、朝日新聞社で科学担当の論説委員を務めていた際、アメリカスリーマイル島原発事故に遭遇した。「Yes But」が朝日の原発に対する姿勢であるなか、「But」に力点を置いて論陣を張った。

第三章の小出五郎は、NHKで原発問題に取り組んだパイオニアの一人である。ディレクターとして原発やエネルギー問題の番組を多数制作した。代表作はNHK特集「核戦争後の地球」（イタリア賞受賞など）である。

第四章の室山哲也は、NHKでチェルノブイリ原発事故を四本制作。ディレクターとしてもプロデューサーとしても数多くの賞を受賞している。現役のNHK解説委員である。

第五章の大沼安史は北海道新聞の記者時代、泊原発の活断層による危険性などを記事にし、二度にわたって一面のトップを飾った。フリージャーナリストとしてフクシマ原発事故を追い、著書『世界が見た福島原発災害』の三部作をまとめ、ネットジャーナリズムに新境地を拓いた。特別レポートを担当してもらった藤田貢崇と漆原次郎は、科学ジャーナリスト塾（日本科学技術ジャーナリスト会議主催）をともに最優秀の成績で修了した塾の卒業生である。

彼らは「原子力ムラ」の厚い壁に阻まれながらも、ジャーナリストに必要とされる批判精神と現場主義に基づき、活字や映像として原子力に関連する問題を伝えてきた。筆者も科学ジャーナリストの端くれとして、NHK時代に環境問題、放射線の人体に与える影響など原発問題をテーマにした番組を制作し、警鐘を鳴らしてきたつもりである。

しかし、世界史に永久に残ることになる原発連続爆発・メルトダウン事故を防ぐことはできなかった。忸怩《じくじ》たる思いが強い。率直にいえば、ここまで非人道的な人災事件が起こるとは思っていなかった。チェルノブイリ原発事故の特集を制作したときも、格納容器がない旧ソ連の黒煙炉とは違い、日本の科学技術は進んでいると思っていた。その後、一九九九年のＪＣＯ臨界事故のころから日本の原発事故の潜在的危険性が増してきたことを皮膚感覚的に捉えざるを得なくなっていた。

それまで、東京大学や京都大学などの最優秀レベルの学生が、原子力工学科に進んでいたが学科は消滅。名称を変更し原子力の三文字は消えた。旧ソ連のチェルノブイリ事故や米国のスリーマイル島事故、そして日本のＪＣＯ事故などにより「原子力はダーティ」とのイメージが増大、優秀な学生が原子力を敬遠するようになったのである。

さらに、人格、識見、責任感に富み、深い信頼感を抱かせてくれる優れた原発推進派の人物も極めて少なくなった。たとえば、前原子力委員会委員長代理でモーツアルトの音楽をこよなく愛する住田健二や被爆者でもあった元日本原子力産業会議副議長の故・森一久。原発には情報の公開が重要だとNHK特集「原子力・秘められた巨大技術」の番組で初めてビデオカメラによる原発内部のロケを許諾してくれた板倉哲郎らは、すでに現場にはいない。人材劣化が急速に進んでいるとの指摘も強い。NHKの組織ジャーナリズムでは「Yes But」の立場を超えるとディレクターやプロデューサーとして原発ドキュメンタリーや番組が制作できなくなる可能性が高まる。大場英樹、小出五郎、七沢潔がそうであったと言われているように。

だが、筆者の立場は今回のフクシマ事故により、「Yes But」から強い「No But」に変わった。いま、組織を離れフリーの科学ジャーナリストとして、ドキュメンタリー映画「いのち～from Fukushima to our Future Generations」を監督・製作中であると同時に、個人ネット放送局「映像作品『いのち』プロジェクト」〔注〕を立ち上げ、すでに二二作品をネット公開している。「政治家に問う」シリーズでは河野太郎、原口一博、佐藤栄佐久、阿部知子らに、「専門家に訊《き》く」シリーズでは、住田健二、小出裕章、大島堅一、伴 英幸らに、「エネルギー報告」シリーズでは黒沢祐治と黒沢の依頼に答えたビデオメッセージの中曽根康弘（太陽エネルギー）、山口淳（洋上風力）、今井伸（シェールガス）らにそれぞれ話を聞き、作品としてまとめている。星屑となる前にその意思を明確にし、社会的責任を少しでも果たせればとの思いからである。

今回のフクシマ原発事件はわれわれに何を問うているのか。四点あると思う。①いのちの問題、②エネルギー問題、③プルトニウム問題、④国民と国家の問題、である。
①いのちの問題とは、誰が責任をもって国民のいのちを守ろうとしたのかが問われている。福島取材を進めるにつれ、番組制作から二五年、チェルノブイリ事故の人体の影響はどうなっているのか。現地に飛んだ。原発推進の総本山といわれるＩＡＥＡを中心とする見解と現地の医師や研究者の見解とはまったく異なるという事実を知った。その医学的データなどは第一章で述べた。
②のエネルギー問題だが、原発がないと電気は本当に足りないのか。原発は本当に安いのか。根本問題として検討しなければならない。
慶應義塾大学講師・竹田恒泰が平成二十一年の電力会社の発電設備容量を検討したところ、原発を廃止しても電力不足は起きないとしている。それどころか最大電力のピーク（二〇〇九年八月七日）の時点でも火力・水力で賄えているため、まだ原発三〇基分ほど余裕があるという（『正論』一一年八月臨時増刊号、産経新聞社）。同様の指摘が（独）科学技術振興機構前理事長の北澤宏一などからもある。グラフ❶を参照してほしい。電力会社による発電に自家発電等の協力が得られれば、真夏のピーク時でも水力と火力それに自家発電だけでもじゅうぶんまかなえる。原発を稼働する必要はまったくないことを意味するのだ。また、コストの面でも立

グラフ❶——発電施設容量と電力使用のピーク値の推移

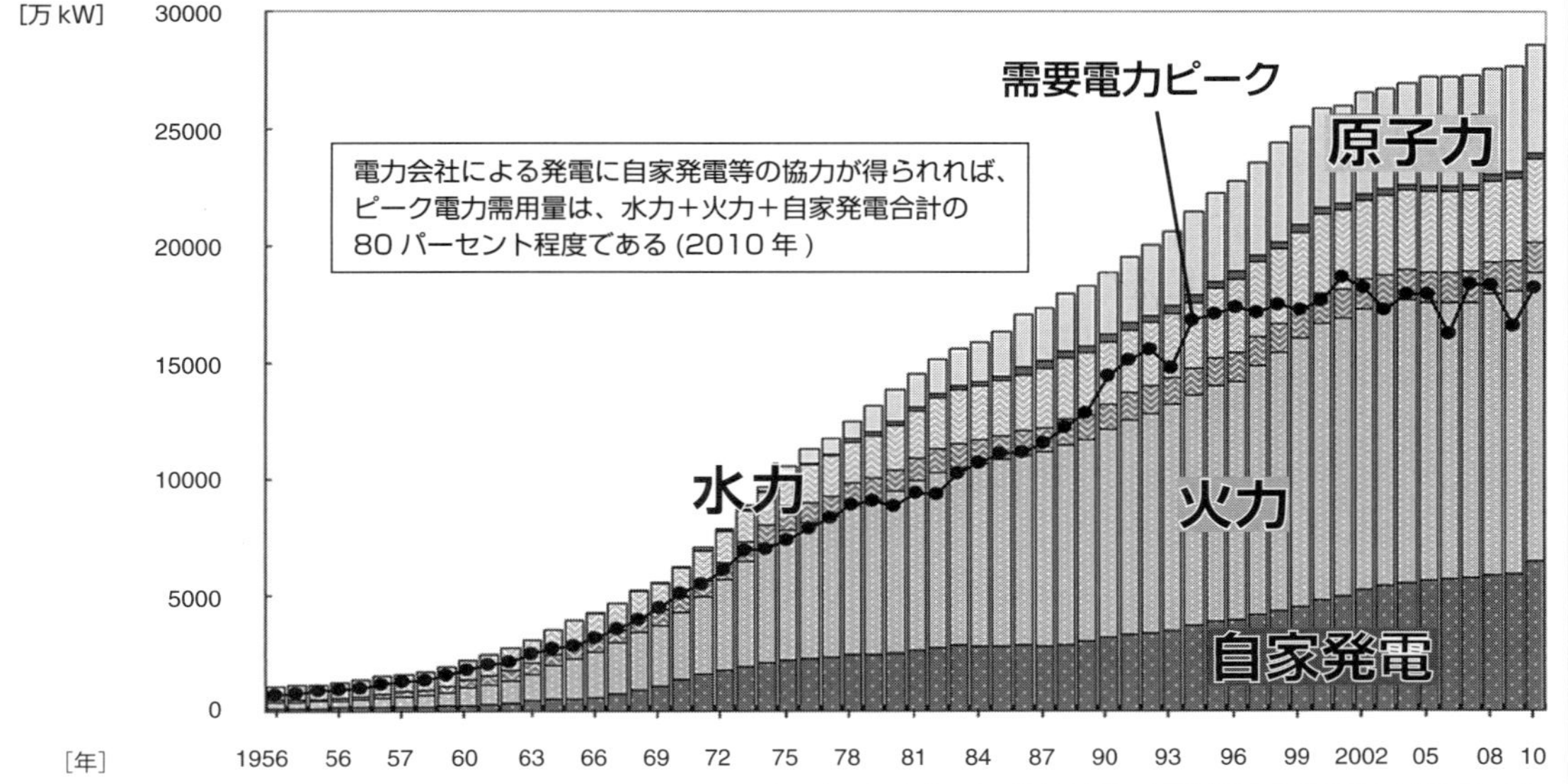

〔出所〕資源エネルギー庁電力調査統計（2011年以降のデータ），（財）日本経営史研究所に本電力業史DB（2000年以前のデータ）
資料作成：北澤宏一

命館大学教授の大島堅一やみんなの党の小野次郎（いのち一六章）らは石油や水力などより原発は高くつくと公表している。もし、これらの指摘が〝真〟であるとすると、従来「原子力ムラ」が公表してきたことは〝偽〟となる。真偽はどうなのか。

現実を直視し、コスト＆ベネフィットを合理的かつ冷静に判断を下す必要があろう。エネルギーの安全保障を確保するためにはまず節電や節電技術、次に再生可能エネルギーの開発、さらに非在来型のガス（シェールガスやメタンハイドレードなど）の研究・開発にも力を注ぐべきであろう。その為には原子力のみに偏った財務省の予算配分を根源から改める必要がある。

③のプルトニウム問題とは何か。核心は、エネルギー問題ではなく核兵器の問題にある。長崎型爆弾にして四〇〇〇発分程の原料となるプルトニウム二三九を日本国はすでに四五トン保有している。国連常任理事国以外では最多の量である。もちろん我が国はNTP条約を批准し、IAEAの核査察も受け入れている。しかし、テロリストの最大の標的となるプルトニウム二三九の使い道は現時点で皆無である。それどころか、「原子力ムラ」は、「金食い虫石油エネルギー浪費型」といわれている高速増殖炉〝もんじゅ〟と六ヶ所村再生処理工場でさらにプルトニウム二三九を増やす方針を追い求めている。再処理工場はたった一日で、原発一年分の全放射性物質（「死の灰」と「死の廃液」）を放出するダーティーかつ危険な施設といわれている。澄んだ目を持ち、核燃料サイクルの事故史と環境汚染の歴史を知れば、どなたでももはや幻であるとの認識に至るであろう。それでも夢を捨て去ることができないのは潜在的核保有国とし

て国防上放棄できないとする見解が根深い。この六月二〇日、原子力基本法（憲法に相当）が突然変わった。「我が国の安全保障に資することを目的として」が新たに加わった。即刻、湯川秀樹らが創設した「世界平和アピール七人委員会」は「軍事利用に道を開く可能性がある」（趣旨）との緊急アピールを発表した。いずれ遠からず平和国家としてドイツのように脱原発の道を歩むのか、コストとリスクを無視してまでも核燃料サイクル路線を歩むのかが選挙などを通して厳しく問われる時がくるであろう。

④の国民と国家の問題とは、民主主義のありようが問われることを意味する。「エネルギーデモクラシー」の問題である。国民の命にかかわる原発問題を今後一基でも稼働するのであれ、廃止するのであれ、大前提は、負のすべての情報を公開し、国民の判断に委ねるべきであろう。高レベル放射性廃棄物の処分問題は、世界中どこも完成していない。すでに日本は広島型原爆が生み出した「死の灰」の一二〇万発分もの核分裂生成物をため込み、処分はまったくできていない。「トイレなきマンション」のままでいるのだ。とくに日本は暗礁に乗り上げている。原発大事故の損害賠償額は国家予算の二倍を超える。地震大国日本で原発政策を行ない、ふたたび大事故が起こったとき、国民は放射線障害や心理的障害を受忍し、損害賠償をわれわれの血税で賄う覚悟も必要である。「原発震災」という造語をつくった神戸大学名誉教授の石橋克彦は、地震の大激動期に入った日本は今後五〇〜一〇〇年間は巨大地震も発生する可能性が高く、「地震大国日本で原発を稼働させることは狂気の沙汰」と発言した（一一年七月「柏崎刈

羽原発の閉鎖を訴える科学者・技術者の会」にて)。

原発を推進するのか脱原発を図るのかは最終的には国民の判断によるべきであり、国民の意向を抜きに決定を下すのは民主主義の王道に反すると考える。最終的には国民投票も選択肢の一つであると思う。

私たち科学ジャーナリスト会議では、柴田鉄治の発案により四つの事故検証委員会報告書(国、政府、民間、東電)が出そろったのち、その報告書を検証することに決めた。視点は事故原因を個人、組織の責任まで問うているか、原子力ムラにメスが入っているか、などである。

さて、われわれジャーナリストが座右の銘とすべき言葉がある。ベトナム戦争下、ニューヨークタイムズ社(ニール・シーハン記者)がスクープした国防総省の極秘文書「ペンタゴンペーパー」をめぐり、国家とジャーナリズムが戦った末の判決文だ。

「報道機関は政府に奉仕するのではなく国民に奉仕するものである」

最後に、この出版を思いついて早一年。遅筆ゆえ、共著の皆さんと清流出版出版部の臼井雅観さんと横沢量子さんには大変ご迷惑をおかけしました。平にお許しくださるようお願い申し上げます。本書が、読者の皆さんにとって今後の原発社会のありようを考えるうえでなんらかの参考になってくれれば幸いです。

林　勝彦

※敬称は略させていただきました。

〔注〕「映像作品『いのち』プロジェクト」

ＵＲＬ⇓　http://hayashieizousakuhininochi-katuchan.blogspot.jp/　または「林勝彦　いのち」で検索

〝脱原発〟を止めないために
科学ジャーナリストの警告

二〇一二年九月十三日 ［初版第一刷発行］

編著者――林 勝彦
著 者――七沢 潔／柴田鉄治／小出五郎／室山哲也
大沼安史／藤田貢崇／漆原次郎

発行者――藤木健太郎
発行所――清流出版株式会社
東京都千代田区神田神保町三-七-一 〒一〇一-〇〇五一
電話 〇三（三二八八）五四〇五
振替 〇〇一三〇-〇-七七〇五〇〇
〈編集担当・臼井雅観〉
印刷・製本所――株式会社シナノ パブリッシング プレス
乱丁・落丁本はお取替え致します。
ISBN978-4-86029-366-6

http://www.seiryupub.co.jp/